第2版
コンクリート構造物の力学
―解析から維持管理まで―

川上　洵
小野　定
岩城一郎
尾上幸造
著

技報堂出版

書籍のコピー，スキャン，デジタル化等による複製は，
著作権法上での例外を除き禁じられています。

第 2 版まえがき

　本書「コンクリート構造物の力学―解析から維持管理まで―」の初版の発行は
2008 年 4 月であり，すでに 10 年が経過した。まずは，多くの方々に教科書ある
いは参考書として用いていただいたことに感謝している。この間，東日本大震災
はじめ数多くの自然災害，およびインフラの老朽化にともなう事故が発生し，サ
ステナビリティとレジリエンスの観点から土木構造物の長寿命化に向け新たな取
組みが進められてきた。また，コンクリート構造物に関わる研究や技術開発が推
進され，新知見や成果が土木学会コンクリート標準示方書の 2 回の改訂版に盛り
込まれた。

　本書の第 2 版では，著者として，熊本大学 尾上幸造准教授が加わり，初版に
関する気付きや学生からの声を反映させ，また，最新の示方書に準拠するよう改
訂した。

　最後に，本書の出版にあたり多大なるご尽力とご支援を賜った技報堂出版の石
井洋平氏に深く感謝するしだいである。

2018 年 9 月

著　　者

第1版まえがき

ローマ帝国時代に活躍した建築家・ウィトルウィウスは，「良い構造物とは，用（utilitas），強（firmitas），美（venustas）の3条件を満足することで成り立つ」と述べている。2000年後の，今日の構造物に要求される性能も本質的にはウィトルウィウスと同様で耐久性，安全性，使用性，復旧性，環境そして美観・景観等があげられる。

コンクリート構造物は，無筋コンクリート，鉄筋コンクリートおよびプレストレストコンクリートからなる構造物であり，言うまでもなく上記の性能を満たすものでなければならない。

本書はコンクリート構造物の中でも，主として用いられている鉄筋コンクリートに重点を置き，構造物の安全性，使用性および耐久性に関し力学的観点からまとめたものである。内容は材料，設計，施工および維持管理までを含んでいる。

鉄筋コンクリートは19世紀半ばから管，水槽，版，アーチそして梁等の構造に応用され，応力計算の基礎は20世紀前半までに「鉄筋コンクリート工学」として体系化された。さらに，その優れた強度および耐久性から「永久構造物」と称され，20世紀には世界中の社会基盤整備に大きく貢献することになった。並行して鉄筋コンクリートに関する不明な点は解明され，実構造物の設計・施工における不都合な部分は改善されてきた。しかし，材料科学の進歩と計測技術の向上に伴い，1970年代に入り一部不適切な設計・施工に起因するコンクリート構造物の早期劣化が指摘・報告されることとなった。そして，1995年に発生した阪神・淡路大震災ではコンクリート構造物は鋼構造物とともにその弱点や欠点を露呈し，膨大な量の構造物が倒壊した。この震災を契機に，新設のコンクリート構造物の設計法が大きく変わるとともに，既存の構造物の安全性の確保が見直され，耐力の向上のための構造物の補強が急速に進められるようになった。

また，20世紀末には，地球規模での環境問題がクローズアップされ，その解決にむけた取り組みが急務となってきている。コンクリート構造物にも，材料，

設計，施工はじめあらゆる観点から環境にかかわる性能の改善が求められるようになった。とくに，ライフサイクルの概念の導入や適切な維持管理の必要性が高まり，耐久性向上を図るための「構造物の補修」や耐力増強のための「構造物の補強」が不可欠となっている。

　以上のようなコンクリート構造に関する流れと背景を考慮し，本書は大きく2部構成とした。

　第1編はコンクリート構造物の設計計算にかかわる「力学基礎」である。はじめにコンクリート構造物を構成する建設材料に加え，構造力学の基礎的知識の要点をまとめた。次に曲げ，曲げと軸力，およびせん断力を受ける鉄筋コンクリート部材に関する力学を示した。

　第2編ではコンクリート構造物の変形とひび割れとして，変状や劣化が理解できるように詳述した。コンクリート構造物が要求される期間に所定の性能・機能を果たすためには相応の「維持管理」が必要であり，コンクリートの変状や劣化の原因が特定できれば適切に補修および補強を行うことができるからである。

　このように，コンクリート構造物の構造解析や設計計算の力学基礎から，構造物の補修・補強を含めた維持管理にかかわる変形やひび割れまでが一冊の本によりわかるようにつとめた。

　本書は大学における鉄筋コンクリート工学および維持管理工学の講義のためにまとめたものであり，専門科目を学習する学部学生および大学院生，そして実際に現場において設計施工に活躍されている技術者にとり，多少なりともお役にたてれば幸いに思う。

　最後に，本書の著述にあたり，絶大なる協力を頂いた，北海道工業大学今野克幸氏，秋田大学徳重英信氏，日本大学工学部の子田康弘氏および学生諸氏，また，編集および校正に際し，終始力強いご支援を頂いた技報堂出版の石井洋平，星憲一両氏に深甚の謝意を表する次第である。

2008年3月

著　　者

目　　次

第1編　コンクリート構造物の力学基礎

第1章　鉄筋コンクリートの力学を学ぶために　3
　1.1　本書の構成　3
　1.2　鉄筋コンクリートの概念　4
　　1.2.1　鉄筋コンクリートとは　4
　　1.2.2　鉄筋コンクリートの歴史　5
　　1.2.3　鉄筋コンクリートの基本条件　6
　1.3　力と変形　6
　　1.3.1　力と変形の基本　6
　　1.3.2　弾性体はりの応力状態　10
　1.4　コンクリートおよび強度の性質　10
　　1.4.1　コンクリートの強度　10
　　1.4.2　コンクリートの応力-ひずみ関係　12
　　1.4.3　コンクリートのクリープと収縮　14
　　1.4.4　鋼材の種類　16
　　1.4.5　鉄筋の応力-ひずみ関係　18
　　1.4.6　鋼材の物理定数　19
　1.5　鉄筋コンクリートはりの破壊形態　19
　　1.5.1　鉄筋コンクリートはりの挙動　19
　　1.5.2　鉄筋コンクリートはりの曲げ載荷試験　20

第2章　設計法　29
　2.1　各種設計法　29
　2.2　限界状態設計法　30

2.2.1　一　般 ………………………………………………………… 30

2.2.2　安全係数 ……………………………………………………… 30

2.2.3　安全性（断面破壊）…………………………………………… 32

2.2.4　安全性（疲労破壊）…………………………………………… 32

2.2.5　使用性 ……………………………………………………………… 33

2.3　設計の手順 …………………………………………………………… 34

2.4　構造細目 ………………………………………………………………… 35

2.4.1　かぶり ……………………………………………………………… 35

2.4.2　鉄筋のあき ……………………………………………………… 36

2.4.3　鉄筋端部のフック ……………………………………………… 37

第3章　曲げを受ける鉄筋コンクリート部材 ———————— 39

3.1　概　説 …………………………………………………………………… 39

3.2　曲げを受ける鉄筋コンクリート部材の弾性挙動（状態Ⅰ）……… 41

3.3　曲げモーメントを受ける鉄筋コンクリート部材の
弾性理論（状態Ⅱ）……………………………………………………… 43

3.4　曲げ耐力 ………………………………………………………………… 54

3.4.1　一般的な方法による曲げ耐力算定 ………………………… 55

3.4.2　等価応力ブロックによる曲げ耐力の算定 ………………… 60

第4章　曲げと軸力を受ける鉄筋コンクリート部材 ————— 71

4.1　概　説 …………………………………………………………………… 71

4.2　柱部材 …………………………………………………………………… 72

4.2.1　柱部材における力と変形 …………………………………… 73

4.2.2　柱部材の耐力 …………………………………………………… 75

4.2.3　柱部材についての構造細目 ………………………………… 78

4.3　曲げと軸力を受ける鉄筋コンクリート部材の弾性挙動 ……… 79

4.4　曲げと軸力を受ける鉄筋コンクリート部材の弾性理論 ……… 84

4.5　曲げと軸力を受ける鉄筋コンクリート部材の設計断面耐力と
相互作用図 ……………………………………………………………… 90

4.5.1　曲げと軸力を受ける鉄筋コンクリート部材の断面耐力 -------- 91

第5章　せん断力を受ける鉄筋コンクリート部材 ━━━━━━ 101
　5.1　概　説 --- 101
　5.2　鉄筋コンクリートはりにおけるせん断応力 ----------------- 102
　5.3　せん断補強鉄筋を有しないはりのせん断耐荷機構 ----------- 104
　5.4　せん断補強鉄筋を有するはりのせん断耐荷機構 ------------- 107
　　　5.4.1　せん断補強鉄筋の種類 ------------------------------ 107
　　　5.4.2　せん断破壊の形態 ---------------------------------- 109
　　　5.4.3　せん断補強鉄筋を有するはりのせん断の分担 --------- 110
　　　5.4.4　トラス理論 -------------------------------------- 111
　　　5.4.5　ウェブコンクリートの斜め圧縮破壊 ---------------- 113
　　　5.4.6　モーメントシフト -------------------------------- 114

第2編　コンクリート構造物の変形とひび割れ

1　概　説 ━━━━━━━━━━━━━━━━━━━━━━━━━━ 121

2　要求性能と維持管理 ━━━━━━━━━━━━━━━━━━━━ 121

3　構造物で発生する変状 ━━━━━━━━━━━━━━━━━━━ 123
　3.1　変状の分類 --- 123
　3.2　変状の種類と原因 --- 125

4　劣化のメカニズム ━━━━━━━━━━━━━━━━━━━━━ 132
　4.1　鋼材の腐食 --- 135
　4.2　中性化（鋼材の膨張） ------------------------------------- 137
　4.3　塩害（鋼材の膨張） --------------------------------------- 138
　4.4　凍害（水の凍結膨張） ------------------------------------- 139

vii

4.5	アルカリシリカ反応（骨材の膨張）	139
4.6	化学的腐食	139

5 発生しやすい変状 ————————— 142

6 ひび割れの発生原因 ————————— 146

7 ひび割れと応力 ————————————— 148

8 ひび割れと変形 ————————————— 149

8.1	軸変形	150
8.2	曲げ変形	153
8.3	せん断変形	155
8.4	ねじり変形	156

9 施工とひび割れ ————————————— 157

9.1	温度ひび割れ	157
9.2	コンクリートの自重による変形	168
9.3	鉄筋の拘束による変形	169

10 劣化とひび割れ ———————————— 170

11 疲労とひび割れ ———————————— 173

第1編
コンクリート構造物の力学基礎

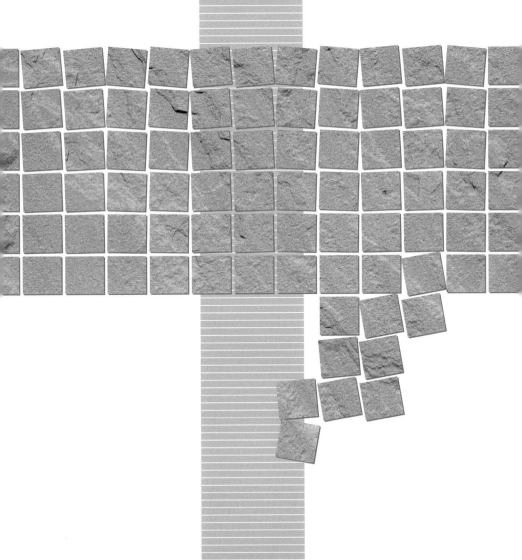

第1章

鉄筋コンクリートの力学を学ぶために

1.1 本書の構成

　本書は，第1編コンクリート構造物の力学基礎と第2編コンクリート構造物の変形とひび割れの2編から成り立っている。第1編において，コンクリート構造物（主として鉄筋コンクリート）の力学基礎を学ぶためには，構造力学の基礎をしっかりと身に付けておく必要がある。また，鉄筋コンクリートは，鉄筋とコンクリートが一体となり，外力に抵抗するものであることから，コンクリートと鉄筋のそれぞれの性質を十分に理解しておく必要がある。さらに，コンクリート構造物を実際に設計施工するためには，設計法についても習得しておく必要がある。以上のことを踏まえ，本書では第1章で，鉄筋コンクリートの力学を学ぶために，これまで学んできた構造力学および建設材料学の基礎および要点を整理する。次いで，第2章では実際のコンクリート構造物の設計を行う際の基本となる設計法について解説する。これを受けて，第3章から第5章では，曲げ，曲げと軸力，せん断力を受ける鉄筋コンクリート部材の破壊形態，耐荷機構，および耐荷力の算定方法について詳述する。一方，第2編は，第1編の基礎の上に成り立つ。ここでは，コンクリート構造物の変形とひび割れの考え方について，第1編で学んだコンクリート構造物の力学基礎に基づき，コンクリート構造物の維持管理，変状，劣化等と関連付けて解説する。以上，本書の構成を図-1.1に示す。

3

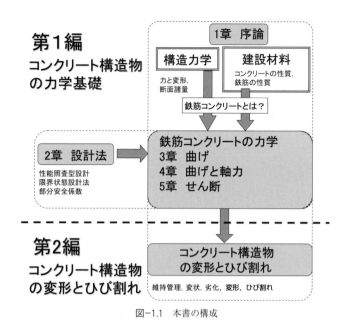

図-1.1　本書の構成

1.2 鉄筋コンクリートの概念

1.2.1 鉄筋コンクリートとは

　コンクリートは圧縮に対しては高い抵抗力を持つが，引張やせん断に対する抵抗力は低い。一般にコンクリートの引張強度は，圧縮強度の1/10〜1/13，せん断強度が1/4〜1/6である。鉄筋コンクリートは，コンクリートの引張強度の低さを，引張に強い鉄筋で補強したものである。

　図-1.2のように，曲げを受けるはり部材ではコンクリート断面に圧縮部と引張部が生ずる。しかし，図中の引張縁の近くに鉄筋を配置すれば，ひび割れが発生

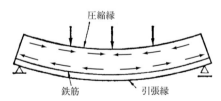

図-1.2　曲げを受けるはり部材の変形

第 1 章　鉄筋コンクリートの力学を学ぶために●

してもコンクリートとの付着によって鉄筋が引張力を分担し，ひび割れの開口を抑制するので，はりはひび割れと同時に破壊することなく，ひび割れ発生後も荷重に抵抗することが可能になる。

コンクリートは，一般に材料の入手や施工が容易で形状や寸法の制限がなく，また他の建設材料（鋼など）と比較して安価であること，さらに，要求性能を満足するように設計・施工が実施されていれば耐久性に優れた部材であることから広く普及している。しかし，コンクリートは鋼材と比較して，単位質量あたりの強度（比強度）が低く，鋼構造と比較して自重が大きくなるので，設計上留意しなければならない。

さらに，鉄筋コンクリートは時間の経過とともに，乾燥収縮などによりひび割れが生じやすい。ひび割れが発生すると，使用性，美観・景観，耐久性などの性能を低下させる要因となることから，これらの性能を確保するような設計と施工，また供用段階における適切な維持管理が重要になる。

このように，鉄筋コンクリートは，その特性を十分活用し，適切な設計，施工と維持管理が実施されることで，安全で安心な社会基盤を構成する構造物として，今後もさらに広く適用されると考えられる。

1.2.2　鉄筋コンクリートの歴史

鉄筋コンクリートは，1855年にフランス人技師ランボ（Lambot）が，パリ博覧会に出品した鉄筋網で補強したコンクリートボートにはじまり，また，1867年にはフランス人の庭師のモニエ（Monier）が，植木鉢を製作している。これには鉄線（針金）を組んだ網が用いられている。モニエはその後，丸鋼を用いたアーチ橋を架設している。しかし，当時の鉄線は製作物を成形することを目的としており，部材に発生する引張力を分担する目的で，鉄線（鉄網）を配置したものではない。

その後，1887年にドイツのケーネン（Können）が，部材中の引張力を分担するように鉄筋を配置した，現在の鉄筋コンクリートの原型となる理論を発表している。わが国では，1903年に田辺朔郎の設計により最初の鉄筋コンクリート橋が琵琶湖疎水に架けられた。

鉄筋コンクリートを構造部材として用いる場合，その破壊状態を想定しなけれ

5

第1編 コンクリート構造物の力学基礎

ばならない。鉄筋コンクリートの破壊は，1.5節で詳しく述べるように，鉄筋の量や配置により大きく異なる。そのため，鉄筋コンクリートを構造部材として用いるには，安全性からも破壊荷重に至ったら突然壊れる脆性的な破壊を避ける必要がある。コンクリート自体は脆性材料であり，とくに引張応力が作用する場合には，鉄筋と比較して塑性域がほとんどない。したがって，鉄筋コンクリート内の鉄筋が，相応に応力を分担していない場合には，コンクリートにひび割れが発生すると部材の破壊に直結することになる。一方，鉄筋は塑性域で大きな変形を生じる延性材料である。鉄筋およびコンクリートそれぞれの力学的性質の詳細については1.4節で述べる。

1.2.3　鉄筋コンクリートの基本条件

鉄筋コンクリートが成立するための基本条件は，以下の3条件である。

①　コンクリートと鉄筋との間の付着が十分保証されること。

両者間に付着があるため，部材に作用する引張力を鉄筋が分担することになる。

②　コンクリート中の鉄筋は錆びにくい。

コンクリートはpH 12〜13のアルカリ性であるため，鉄筋の周囲に不動態皮膜が形成される。この不動態皮膜により，鉄筋が腐食から守られている。

③　コンクリートと鉄筋の熱膨張係数がほぼ等しいこと。

両者の熱膨張係数は，ほぼ$10 \times 10^{-6}/℃$である。このことから，任意の温度変化に対して，コンクリートと鉄筋が同じ挙動をすることになる。

1.3　力と変形

1.3.1　力と変形の基本

物体は外力を受けると変形する。また，外力を受けると内力が発生する。その状態で物体が静止していれば，外力同士，あるいは任意の断面で切った際の内力と外力が釣り合っていることになる。

図-1.3に支間中央に集中荷重Pが作用した単純支持された弾性体はりを示す。外力Pは両支点により支えられ，断面内には，せん断力Sと曲げモーメントM

6

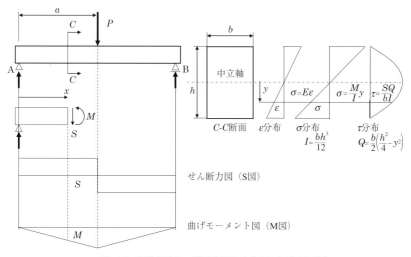

図-1.3 弾性体はりの断面力図とひずみおよび応力分布

が発生する。支点 A から x の位置での内力すなわち断面力（せん断力および曲げモーメント）は，外力との釣合いから算出することができる。これを図化したものがせん断力図（S図）および曲げモーメント図（M図）である。こうして，ある断面における断面力，例えば，曲げモーメント M が算出できれば，断面形状を表す断面2次モーメント I により，その断面内の曲げ応力 σ の分布を求めることができる。

さらに，材料の応力（σ）とひずみ（ε）の関係（応力-ひずみ関係，σ-ε 関係）がわかっていれば，断面内のひずみの分布から応力の分布も算出可能である。

ここで，支間中央に集中荷重 P が作用した弾性体はりの断面内の応力状態を考える。前述の図-1.3の曲げモーメント図より，曲げモーメントは載荷点で最大となり，支点に向かうにつれ直線的に減少し，支点で0になる。一方，せん断力は載荷点で正負の値が逆になり，支点から載荷点までの間（せん断スパン a）でそれぞれ等しい値を示す。曲げモーメント M に対する断面内の曲げ応力 σ は，断面2次モーメントを I，中立軸からの距離を y とすると，$\sigma = (M/I) \cdot y$ で表される。すなわち，中立軸からの距離に比例し分布することになる。一方，せん断力 S に対する断面内のせん断応力 τ は，断面1次モーメントを Q，断面の幅を b，

第1編　コンクリート構造物の力学基礎

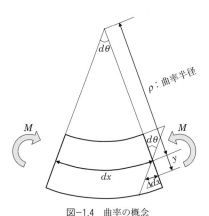

図-1.4　曲率の概念

断面2次モーメントを I とすると，$\tau = SQ/(bI)$ で表される。ここで，Q は中立軸からの距離 y の2次式で表されるため，その分布は図に示されるよう，上下縁で0，中立軸で最大となる放物線を描く。

一方，外力（荷重 P）がわかれば，部材の変位（δ）を算出することができる（荷重-変位関係，P-δ 関係）。あるいは，曲げモーメント M と曲率 ψ との間にも関係（曲げモーメント-曲率関係，M-ψ 関係）が成り立つ。ここで曲率とは，たわんだはりの曲がりの程度を表した指標である。図-1.4より，曲げモーメント M を受け，たわんだはりの一部（微小区間 dx）を取り出すと，この部分のたわみ曲線は，中心角 $d\theta$ を挟んで交わる半径 ρ（曲率半径）の円弧をなすものと考えてよい。その時，曲率 ψ は曲率半径の逆数 $1/\rho$ で表され，はりの中立軸から y

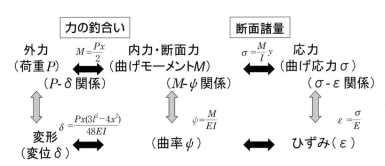

図-1.5　力と変形の関係

だけ離れた部分の変形を Δdx，ひずみを ε とすると，相似より，$\rho : y = dx : \Delta dx$ が成り立つ。さらにひずみの定義は，元の長さに対する伸び縮みした長さであることから，ここでは $\varepsilon = \Delta dx/dx$ で表される。以上より，曲率 $\psi = \varepsilon/y$ となる。つまり曲率とは断面内のひずみ分布（図-1.3 参照）の傾きということになる。

このように，部材に作用する外力の大きさ，作用位置，向きがわかれば，その部材の断面力，断面内の応力分布およびひずみ分布，変形等を求めることが可能となる。これらの力と変形の関係の概念を表したものを図-1.5 に示す。図中には，支間中央に集中荷重 P を受けた弾性体はり（図-1.3 参照）に対して求めた各関係式（P-δ 関係，M-ψ 関係，σ-ε 関係）を併せて示す。

部材を構成する材料の強度や変形能が既知であれば，外力が作用したときに，その材料で構成される部材が外力に対して抵抗できるか破壊するかの判定を行うことができる。すなわち，断面力が断面耐力を上回れば，破壊することになり，下回れば破壊することなく安全と評価される。あるいは断面力から算出されるある位置での応力が，その位置での材料の強度を上回れば，破壊，下回れば安全という評価になる。同様に，外力から求まる変形量が，構造物の機能上許容されれば安全とみなすことができ，許容されなければ再検討という判定になる。

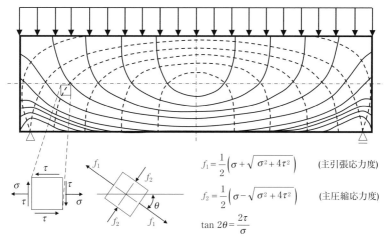

図-1.6　等分布荷重を受ける等質弾性体はりの主応力線図

第1編 コンクリート構造物の力学基礎

構造物の基礎的な検討方法はこのように外力から任意の断面の断面力あるいは変形量を算出し、これが、断面耐力あるいは許容変形量を下回るか否かを判定することである。

1.3.2 弾性体はりの応力状態

コンクリートに限らず、ある材料でつくられたはりの断面内の応力状態を考える際に基本となるのは弾性体はりの応力状態である。図-1.6に等分布荷重を受ける等質弾性体はりの主応力線図を示す。図中の実線が主引張応力線、点線が主圧縮応力線である。図より、曲げモーメントが卓越する支間中央部付近では、主応力線がはりの下縁から垂直に進展しているが、せん断力が卓越する支点付近では上方に向かうにつれ、主圧縮応力線の傾きが緩やかになっていることがわかる。また、主引張応力線は主圧縮応力線と垂直に交わっている。ある要素を取り出した際の、主引張応力と主圧縮応力および部材軸に対する主応力の向きは図中の式によりそれぞれ与えられる。

1.4 コンクリートおよび鉄筋の性質

1.4.1 コンクリートの強度

コンクリートは圧縮に強く、引張に弱い材料である。そのため、鉄筋コンクリート部材では、コンクリートは圧縮力に対して抵抗し、引張力に対しては鉄筋が抵抗するように設計される。このように、コンクリートは一般に圧縮材として用いられることから、その強度は、通常、圧縮強度により評価を行う。我が国では、コンクリートの圧縮強度を、図-1.7に示す高さが直径の2倍の円柱供試体により測定する。供試体の直径は、粗骨材の最大寸法により、一般に100mmあるいは150mmのものが用いられる。図より、コンクリート供試体の断面積を$A = \pi d^2/4$ [mm^2]、コンクリートが破壊する際の荷重をP [N] としたときのコンクリートの圧縮強度は、$f_c' = P/A$ [N/mm^2] で表される。

硬化した普通のコンクリートの圧縮強度は、30 N/mm^2 程度と考えてよい。近年では、コンクリートの高強度化に向けた技術開発が進み、圧縮強度100 N/mm^2 以上の超高強度コンクリートの施工も行われ、中には200 N/mm^2 を超え

10

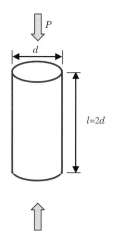

図-1.7　コンクリートの圧縮強度試験

るようなコンクリートの施工例もある。しかしながら、コンクリートの圧縮強度をいくら高くしても、引張強度はそれに応じて高くはならず、セメントの水和に伴うひび割れも発生しやすく、さらには単位容積あたりのコンクリートの価格も高くなるため、高強度コンクリートを使用する際には、慎重な検討が必要である。

コンクリートのひび割れや破壊時の挙動を検討するためには、コンクリートの引張強度の評価も必要になる。一般的なコンクリートの引張強度は圧縮強度の約 1/10～1/13 と言われており、この値は高強度コンクリートの場合、さらに小さくなる傾向にある。コンクリートの引張強度は一般に、図-1.8 に示す通り、直径 100 mm 以上、長さは直径以上かつ直径の 2 倍以内の円柱供試体を横に置き、上下より荷重をかけることにより測定する。この試験では、載荷点のごく近傍では

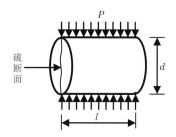

図-1.8　コンクリートの引張試験

第1編　コンクリート構造物の力学基礎

複雑な応力状態となるが，それ以外の載荷点を結ぶ直線と直角方向にはほぼ均一な引張応力が作用するため，このことを利用し，破壊する際の荷重から引張強度を求めるというものである。こうして測定されるコンクリートの引張強度 f_t は，円板に集中荷重が作用するときの弾性解析より，$f_t = 2P/(\pi dl)$ ［N/mm²］で表される。ここで，P：破壊する際の荷重（N），d：円柱供試体の直径（mm），l：長さ（mm）である。

1.4.2　コンクリートの応力-ひずみ関係

　コンクリートの圧縮強度試験を行う際に，併せて供試体の変位，あるいはひずみを測定することにより，各荷重に対する応力とひずみの関係をとらえることができる。この両者の関係を図化したものが応力-ひずみ関係である。コンクリートの圧縮力に対する応力-ひずみ関係は，一般に図-1.9に示す通り，ひずみ ε_0' で最大圧縮応力（圧縮強度）f_c' を与える上に凸の曲線（非線形）になる。つまり，図中の接線の傾きは刻々変化し，はじめは傾きが大きく，徐々に減少し，最大圧縮応力を与える点で0となり，その後負の値に移行する。また，図中のA点まで徐々に荷重をかけ（載荷），その段階で荷重を除く（除荷）と，応力-ひずみ関係は載荷時の履歴①をたどることなく，②の履歴をたどり，完全に除荷した（応力を0にした）際にもひずみが残る。これを残留ひずみという。後述するように，

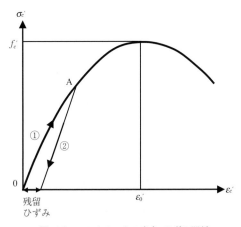

図-1.9　コンクリートの応力-ひずみ関係

鉄筋の応力-ひずみ関係は，降伏するまではほぼ線形関係を示し，除荷後も元の履歴をたどる弾性体として扱えるため，コンクリートの応力-ひずみ関係とは大きく異なる。なお，前述の通り，コンクリートの引張強度は圧縮強度の1/10にも満たないが，引張強度を与える際のひずみも圧縮強度の約1/10であり，コンクリートが引張破壊する際のひずみは応力同様非常に小さいことがわかる。

コンクリートの応力-ひずみ関係は一般に，供試体に作用する圧縮応力（σ_1）と，軸方向のひずみ（ε_1）との関係により表されるが，その際，供試体の横方向には引張ひずみ（ε_2）が発生する。このように，一軸圧縮応力を受ける材料は，軸方向には縮み，横方向には伸びる性質があり，軸方向ひずみに対する横方向ひずみの比をポアソン比と呼ぶ。コンクリートのポアソン比は，一般に応力の増加に従い，0.15～0.20の範囲でほぼ一定の値を示し，ある点（臨界応力）付近から急激に増加する傾向を示す。また，元の供試体体積 V に対する体積変化 ΔV の比を体積ひずみ ε_V とし，これを軸方向ひずみと横方向ひずみを2倍した値を足し合わせることにより表すと（$\varepsilon_V = \varepsilon_1 + 2\varepsilon_2$），応力の増加に伴い，最初は線形的にひずみが減少するものの，臨界応力前後でひずみが増加に転じる。このように，臨界応力前後でポアソン比あるいは体積ひずみの傾向が急変する理由は，軸方向ひずみ（縮み）に対する横方向ひずみ（伸び）の値が急増するためである。以上の概要を，図-1.10 に表す。

材料のかたさを表す指標として弾性係数が挙げられる。これは応力とひずみの

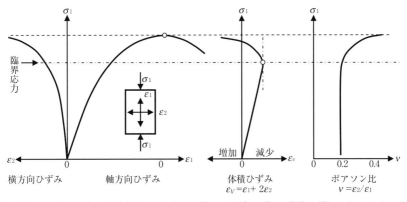

図-1.10　コンクリートの圧縮応力と，軸方向ひずみ，横方向ひずみ，体積ひずみ，ポアソン比の関係

第1編　コンクリート構造物の力学基礎

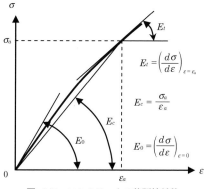

図-1.11　コンクリートの静弾性係数

間に線形関係が成り立っている場合，その傾きを表すものである。コンクリートの場合，前述の通り，応力とひずみの関係は曲線（非線形）となるため，弾性係数を一律に表すことができない。つまり，応力とひずみの傾きは，応力の値によって変化する。そこで，コンクリートの弾性係数は図-1.11に示す通り，その目的に応じて，①初期接線弾性係数 E_0，②割線弾性係数 E_c，③接線弾性係数 E_t の3種類に使い分けられる。このうち，最も多く用いられているのは，割線弾性係数である。コンクリート構造物の設計では一般に圧縮強度 f_c' の1/3点と原点とを結ぶ直線の傾きにより割線弾性係数を求める。

　なお，コンクリートの弾性係数には，上述のような静的載荷試験による応力-ひずみ関係から求まる静弾性係数と，供試体に微小な振動を与え，その際のたわみ振動等の1次共鳴振動数から求まる動弾性係数がある。動弾性係数は供試体を破壊することなく，試験することが可能なため，コンクリートの凍結融解抵抗性等，同一供試体による劣化の経時変化を評価する際に用いられる。一般に，動弾性係数は，静弾性係数よりも10～40％程度大きい値を示す。

1.4.3　コンクリートのクリープと収縮

　コンクリートにはクリープと呼ばれる性質がある。これは，一定応力の下でひずみが徐々に進行する現象で，コンクリート部材の変形（たわみ）や，施工段階におけるコンクリートのひび割れ，あるいはプレストレストコンクリート部材の

第 1 章　鉄筋コンクリートの力学を学ぶために

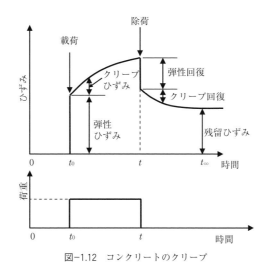

図-1.12　コンクリートのクリープ

設計を行う際に考慮する必要がある重要な性質である。図-1.12にコンクリートのクリープについて示す。図より，時間 t_0 において短時間に荷重を載荷すると，これに伴い弾性ひずみが発生する。その状態で，一定の荷重を持続すると，時間の経過とともにクリープひずみが増加する。時間 t で荷重を除くと，瞬間的にひずみが減少し（弾性回復），その後，時間の経過とともにさらにひずみが減少するが（クリープ回復），ひずみが0までは戻らず，残留ひずみが残ることになる。

一方，コンクリートは適切な養生がなされていれば，コンクリートの硬化後もその内部にかなりの水分を含むことになる。この状態で外気にさらされると乾燥によりコンクリート内部の水分が蒸発し，これに伴う体積変化によりコンクリートは収縮する。これを乾燥収縮と呼ぶ。乾燥収縮は，図-1.13に示す通り，乾燥直後に大きく，徐々に小さくなり，長期にわたり進行するものである。また，一般にコンクリート中の単位水量が多く，水セメント比が高い配合で大きくなり，相対湿度が低い場合にも大きくなる。

近年，水セメント比の低い高強度コンクリートにおいて，セメントの水和に伴い，コンクリート中の水分が消費され，これにより大きな収縮（自己収縮）を引き起こすことが問題となっている。後述する通り，温度応力も含め，コンクリートの乾燥収縮あるいは自己収縮が内的あるいは外的に拘束されると，コンクリー

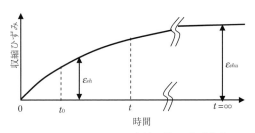

図-1.13 コンクリートの収縮ひずみの経時変化

トに引張応力が発生し、これにより過大なひび割れが生じるおそれがあるため、コンクリート構造物の設計施工にあたってはこのことに十分留意する必要がある。

1.4.4 鋼材の種類

コンクリート構造物に用いられる鋼材は、鉄筋、構造用鋼材およびPC鋼材（鋼線、鋼より線、鋼棒）であり、JIS鉄鋼材料のうちG部門（鉄鋼）で規格化されている。鉄筋は、"JIS G 3112 鉄筋コンクリート用棒鋼"として、また、PC鋼線・PC鋼より線はJIS G 3536そしてPC鋼棒はJIS G 3109にそれぞれ規定されている。

鉄筋は、その形状から丸鋼（Steel Round bar：SR）と異形棒鋼（Steel Deformed bar：SD）に分けられる。異形棒鋼にはコンクリートとの付着強度を高めるために表面に軸線方向の突起の「リブ」と軸線方向以外の突起の「ふし」がついている（図-1.14）。材質は表-1.1のように、丸鋼2種類と異形棒鋼5種類があり、また記号における数値は降伏点の下限値を示している。

表-1.2に異形棒鋼の単位質量と標準寸法を示す。異形棒鋼の公称直径、公称

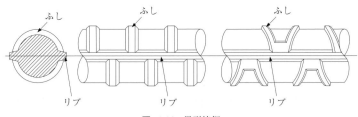

図-1.14 異形棒鋼

第1章　鉄筋コンクリートの力学を学ぶために●

表-1.1　鉄筋の機械的性質

種類の記号	降伏点または0.2％耐力 (N/mm^2)	引張強さ (N/mm^2)
SR235	235 以上	380 ～ 520
SR295	295 以上	440 ～ 600
SD295A	295 以上	440 ～ 600
SD295B	295 ～ 390	440 以上
SD345	345 ～ 440	490 以上
SD390	390 ～ 510	560 以上
SD490	490 ～ 625	620 以上

表-1.2　異形棒鋼の単位質量および標準寸法

呼び名	単位質量 (kg/m)	公称直径 (d) (mm)	公称断面積 (S) (mm^2)	公称周長 (l) (mm)
D6	0.249	6.35	31.67	20
D10	0.560	9.53	71.33	30
D13	0.995	12.7	126.7	40
D16	1.56	15.9	198.6	50
D19	2.25	19.1	286.5	60
D22	3.04	22.2	387.1	70
D25	3.98	25.4	506.7	80
D29	5.04	28.6	642.4	90
D32	6.23	31.8	794.2	100
D35	7.51	34.9	956.6	110
D38	8.95	38.1	1140	120
D41	10.5	41.3	1340	130
D51	15.9	50.8	2027	160

断面積および公称周長は，この鉄筋を丸棒とみなし鉄筋の呼び径に対応する単位質量と鋼材の密度 $7.85\,g/cm^3$ から算出されている。また，異形棒鋼の引張強さと降伏点は，実断面積の測定が困難であるので公称断面積を用いている。

1.4.5 鉄筋の応力－ひずみ関係

引張応力を受ける鉄筋の応力-ひずみ関係は，一般に，図-1.15のように表される。応力が増大するとき，比例限度Pまでは直線関係であり，降伏点Y_u, Y_lに達した後，ひずみ硬化域に入り，最大応力点Uで引張強さを示し，やがて点Bで破断する。初期の直線勾配が鉄筋のヤング係数Esであり，鉄筋の種類にかかわらず，$Es = 2.0 \times 10^5 \mathrm{N/mm^2}$としてよい。なお，図-1.16のように明確な降伏を持たない鋼材においては，残留ひずみが0.2％となるような応力度を耐力と呼

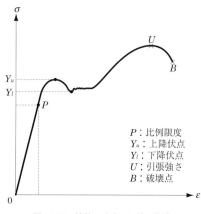

図-1.15 鉄筋の応力-ひずみ曲線

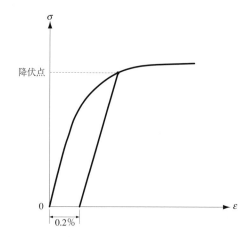

図-1.16 明確な降伏点を持たない鋼材の応力-ひずみ曲線

び，降伏点に対応させている。

1.4.6 鋼材の物理定数

設計計算に用いる鋼材の物理定数の値は，次のとおりである。
鋼材のポアソン比は，0.3 および鋼材のせん断弾性係数は，$7.7 \times 10^4 \, \text{N/mm}^2$ である。コンクリート構造物における鋼材およびコンクリートの熱膨張係数は，$10 \times 10^{-6}/℃$ である。一方，鋼構造物における鋼材の熱膨張係数および鋼とコンクリートの合成桁における鋼材とコンクリートの熱膨張係数は，一般に $12 \times 10^{-6}/℃$ を用いる。

1.5 鉄筋コンクリートはりの破壊形態

1.5.1 鉄筋コンクリートはりの挙動

コンクリートは圧縮に強く引張に弱い材料である。そのため，コンクリートの弱点部である引張を受ける部分に鉄筋を配置し，圧縮側をコンクリート，そして引張側を鉄筋で抵抗するように考えられたものが鉄筋コンクリートである。鉄筋コンクリート単純はりの支間中央に集中荷重 P を作用させる場合を考える。荷重（外力）P が十分に小さい場合，鉄筋コンクリートはりは，荷重に対して全断面有効であり，ほぼ弾性挙動を示す。また，断面内の応力分布は，図−1.3 で示されるものとほぼ同じである。この状態から荷重 P を徐々に増加させると，コンクリートの下縁側に発生する引張応力も荷重に比例して大きくなる。そして，コンクリートの引張強度を上回るとひび割れが発生し，弾性体および全断面有効という仮定は成り立たなくなる。この段階で，引張側に鉄筋が配置されていなければ，コンクリートはすぐに破壊に至る。一方，引張鉄筋を適切に配置していれば，鉄筋コンクリートはりとして挙動する。つまり，圧縮をコンクリートが負担し，引張を鉄筋が負担することにより，ひび割れ後もより大きな荷重に対して抵抗することが可能となる。さらに大きな荷重が作用すれば，引張側に配置した鉄筋が降伏し，最終的にコンクリートの上縁が圧縮破壊することになる。実構造物における設計荷重に対して抵抗できるよう鉄筋コンクリートを設計するためには，コンクリートの断面を定め，その中にどのように鉄筋を配置するかを考える必要が

ある。その際，鉄筋コンクリートの力学基礎を十分に理解し，想定される外力に対して安全性を満たすことはもちろんのこと，必要以上にコンクリート断面を大きくしたり，鉄筋量を多くしたりしないよう，経済性にも配慮した合理的な検討を行う必要がある。

1.5.2 鉄筋コンクリートはりの曲げ載荷試験

1.5.1項で述べた考え方をイメージしやすくするため，鉄筋の量と配置方法を変化させた鉄筋コンクリートはりを作製し，実際に載荷試験を行った。以下，実験結果に基づき，鉄筋の量と配置方法が鉄筋コンクリートはりの耐荷性状や破壊状況に及ぼす影響を示す。

実験に用いた供試体は，A：無筋コンクリート，B：引張側に鉄筋（D13）を2本配置したコンクリート，C：引張側にBより太い鉄筋（D22）を2本配置したコンクリート，D：引張側にCで示した鉄筋を配置するとともに，これと垂直に一定間隔で鉄筋（D10）を配置したコンクリートの4種類である。ここで，供試体の長さ，コンクリートの断面および強度は同じであり，パラメータは鉄筋の有無およびその量，配置方法のみである。図-1.17に4種類の供試体形状を示す。

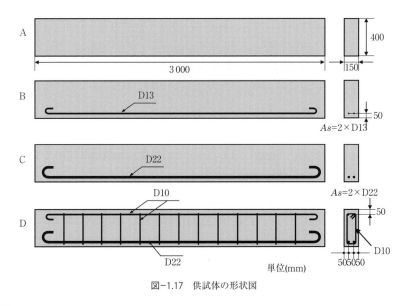

図-1.17　供試体の形状図

曲げ載荷試験は，供試体を，それぞれ単純支持し，中央2点に載荷することにより行う。図-1.18に載荷試験の概要を示す。このような試験を行うと，はりには曲げモーメントが作用し，はりの断面の中立軸より上側には圧縮力，下側には引張力が作用する。載荷時の荷重と支間中央での鉛直変位を測定することにより，ひび割れ発生前後の挙動から破壊に至るまでの荷重Pと変位δの関係を調べる。荷重-変位関係を調べることにより，最大荷重（耐荷力）および破壊するまでの変形性等を評価することが可能となる。図-1.19に載荷試験の実施状況を示す。

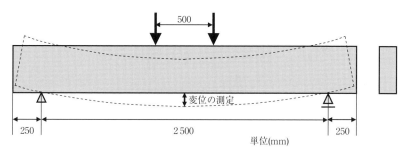

図-1.18　載荷試験の概要

図-1.19　載荷試験状況

(1) A：無筋コンクリート

コンクリートは圧縮に強く，引張に弱いので，図-1.19のような載荷状態で無筋コンクリートに曲げモーメントが作用すると，はりの上側に発生する圧縮力に対しては十分余裕を持って抵抗するものの，下側に発生する引張力に対してはわずかな力でひび割れが発生し，簡単に破壊してしまう。図-1.20に破壊までの荷重-変位関係を，図-1.21に破壊時の供試体の写真を表す。図より，供試体は，18kN程度の荷重で支間のほぼ中央にひび割れが発生する。ひび割れは急速に上方に進展し，結果，荷重も急速に低下し，破壊に至る。この破壊は，小枝をぽきんと折るようなイメージであり，このように非常に脆い破壊形態ではとても実際の構造物に使うことができないため，引張に弱いコンクリートを鉄筋により補強する必要が生じる。

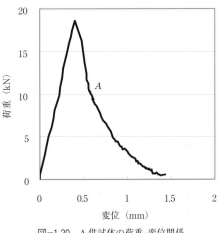

図-1.20　A供試体の荷重-変位関係

図-1.21　A供試体の破壊状況

（2） B：引張側に鉄筋を配置した場合

A供試体に対し，引張が発生する位置を鉄筋で補強したものがB供試体である。図-1.22にB供試体の荷重-変位関係を，図-1.23に破壊時の供試体の写真を示す。図より，引張側を鉄筋により補強することにより，A供試体同様18kN付近でひび割れは発生するものの，その後，鉄筋が引張力に対して抵抗するため，剛性（荷重-変位関係の傾き）はそれまでと比べ多少低下するもののそれ以上の荷重に耐えることが可能となる。結局，A供試体の3倍程度の荷重に相当する60kNまで荷重が増加した後，鉄筋が降伏し，その後はほぼ横ばいに荷重が推移する。図は20mmまでの挙動を示しているが，この後も，コンクリートが破壊することはなく，最終的に75mm付近まで変形が進行する。これは，A供試体で見られたような脆い破壊形態とは異なり，ねばりのある望ましい破壊形態と言える。このはりは，大きく変形した後載荷点間のコンクリートが圧縮破壊し，耐力の限界に達した。

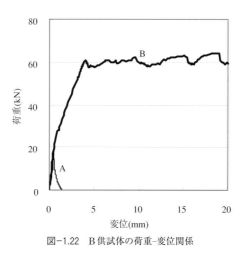

図-1.22　B供試体の荷重-変位関係

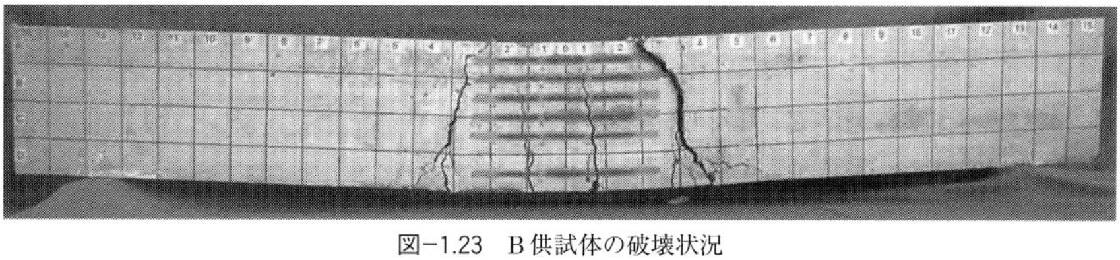

図-1.23　B供試体の破壊状況

第1編 コンクリート構造物の力学基礎

（3） C：引張側に上記B供試体より多く鉄筋を配置した場合

B供試体はA供試体に比べ、3倍程度の荷重に耐えることができ、しかも優れた変形性を有するものであった。B供試体において、鉄筋の量をさらに増やせば、より大きな荷重に耐えることができるとともに、大きな変形性を示すことができるだろうか？　そのような仮定に基づき、B供試体に比べ約3倍の鉄筋量を配置したC供試体の破壊試験を実施した。図-1.24にC供試体の荷重-変位関係、図-1.25に破壊時の供試体の写真を示す。図より、荷重に関しては確かに、B供試体のさらに倍近い100 kN以上の荷重に耐えることができるが、支点近くから載荷点方向に斜めに伸びるひび割れが発生し、それとともに荷重が急速に低下する。つまり、変形性をほとんど示すことなく、急激に破壊する結果となった。これは阪神淡路大震災で高速道路が倒壊した破壊形態と同じで、先ほどまでの曲げモーメントによる破壊（曲げ破壊）と区別し、せん断破壊と呼ばれている。つま

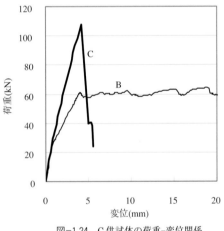

図-1.24　C供試体の荷重-変位関係

図-1.25　C供試体の破壊状況

り，鉄筋の補強量を増やしたことにより曲げモーメントに対しては十分に抵抗することができたが，せん断力に対しては抵抗できなかったため急激な破壊を引き起こしてしまったことになる。このような急激な破壊が実際の構造物で起こると人命にかかわる重大な問題を引き起こすため，避ける必要がある。以上のことから，鉄筋による補強量は多ければよいというものではないことがわかる。

（4） D：引張側にC供試体で示した鉄筋を配置するとともに，これと垂直に別の鉄筋を配置した場合

　前述のC供試体では，支点付近から載荷点間に作用するせん断力に起因する引張力が原因となり，斜め方向にひび割れが発生したため急激な破壊を引き起こしたと考えられる。したがって，このような破壊形態を避けるためには，この引張力に対しても鉄筋を配置し，抵抗させる必要がある。つまり，ひび割れを発生させた斜め方向の引張力に抵抗するため，部材軸に対して，垂直に一定間隔で鉄筋を配置する。図-1.26にD供試体の荷重-変位関係を，図-1.27に破壊時の供試体の写真を示す。図より，部材軸に対して垂直に配置した鉄筋が，C供試体で発生したせん断力に起因する引張力に対して抵抗することにより，200 kN近い荷重に抵抗することが可能になる。加えて，その後も急激な破壊を示すことなく，引張鉄筋が降伏することにより，しばらくは荷重が横ばいに推移し，その後ゆる

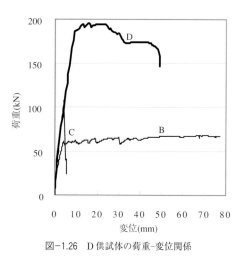

図-1.26　D供試体の荷重-変位関係

第1編　コンクリート構造物の力学基礎

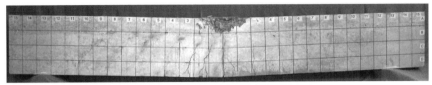

図-1.27　D供試体の破壊状況

やかに荷重が低下し破壊に至ることになる。このように曲げモーメントおよびせん断力に対して鉄筋を適切に配置することにより急激な破壊を示すことなく，大きな荷重に耐えるとともに，徐々に変形が増大し，やがて破壊するという理想的な挙動を示すことができる。

　以上，ここではコンクリート部材における鉄筋の役割と，鉄筋の量および配置が鉄筋コンクリートの破壊挙動に及ぼす影響について検討を行った。まだ，鉄筋コンクリートの力学に関する基本を学んでいないため，概念的な記述に終始したが，次章以降では，曲げ，軸力，せん断力といったさまざまな断面力に対して鉄筋コンクリート部材が合理的な挙動を示すよう，理論に裏打ちされた説明を行うこととする。

◎参考文献
1)　伊藤冨雄，前田幸雄：構造力学，国民科学社，1987
2)　三浦尚：土木材料学（改訂版），コロナ社，2007

コラム 単位と有効数字

　工学的な問題を扱う場合，単位と有効数字の重要性を十分に認識しておく必要がある。例えば，軸圧縮力 $P = 100\,kN$ を受けるコンクリート部材（断面積 $A = 150\,cm^2$，弾性係数 $E = 30 \times 10^3\,N/mm^2$）の応力 σ とひずみ ε を求める問題を出すと，いろいろな回答が返ってくる。前述の通り，軸力を受ける部材の応力は $\sigma = P/A$ で表され，この材料が弾性体とみなされればひずみは $\varepsilon = \sigma/E$ で表される。その結果，$\sigma = 100[kN]/150[cm^2] = 0.666667[kN/cm^2]$ と解答したとする。間違いではないが，これは電卓あるいは表計算による結果をそのまま書き写したものであり，工学的な解答とは言えない。つまり，有効数字の概念が反映されていない。鉄筋コンクリート工学の問題を扱う場合には，有効数字 3 桁をとればよい。また，kN/cm^2 という単位はコンクリートの応力を表す単位としては一般的ではなく，通常 N/mm^2（あるいは MPa）が用いられる。

　すなわち，この答えを有効数字 3 桁，単位を N/mm^2 で表すとすると，$\sigma = 100 \times 10^3[N]/(150 \times 10^2)[mm^2] = 6.67[N/mm^2]$（小数第 3 位を四捨五入）となる。一方，ひずみは，$\varepsilon = \sigma/E = 6.67[N/mm^2]/(30 \times 10^3)[N/mm^2] = 0.222 \times 10^{-3}(= 222 \times 10^{-6})$ となる。ここで留意すべきはひずみの単位であり，応力，弾性係数とも同じ単位のため，両者の分数で表されるひずみの単位は無次元となる。つまり，この問題の正解は，$\sigma = 6.67[N/mm^2]$，$\varepsilon = 222 \times 10^{-6}$ である。そんなの当たり前と思えば，問題なく先に進んでいただきたい。誤った場合にはぜひここで，単位と有効数字の考え方を今一度理解し，先に進むようにしてもらいたい。

[例題]　直径が 10 cm のコンクリート円柱供試体に 30 kN の圧縮力が作用した際の応力とひずみを求めよ。ただし，弾性係数を $E = 30 \times 10^3\,N/mm^2$，円周率を 3.14 として計算せよ。

　断面積　$A = 50 \times 50 \times 3.14 = 7.85 \times 10^3\,mm^2$

　応　力　$\sigma = P/A = 30 \times 10^3/(7.85 \times 10^3) = 3.82\,N/mm^2$

　ひずみ　$\varepsilon = \sigma/E = 3.82/(30 \times 10^3) = 127 \times 10^{-6}$

コラム　つよさ？　かたさ？　もろさ？

　巷でコンクリートの性質を表す際，「コンクリートのかたさ」という表現をよく耳にする。マスコミでも，「かたいコンクリートをつくるためには……」，「世界一かたいコンクリート」などの表現を平気で使うが，これは正しいだろうか？。

　本来コンクリートはかたさを意識してつくるものではない。つよさを意識してつくるものである。それでは，「つよさ」と「かたさ」の違いは何だろうか？材料の「つよさ」は応力-ひずみ関係における最大応力（強度）によって評価されるものであり，「かたさ」は応力-ひずみ関係の傾き，あるいは割線勾配の大きさ（弾性係数）により評価されるものである。つまり，強い材料であれば，最大応力が大きく，かたい材料であれば，ひずみに対する応力の増分が大きいことを指す。コンクリートの場合，一般に，つよければかたいという関係があるため，何となく受け入れられているが，両者は明らかに異なる意味を持つ。

　世間ではつよいコンクリート，かたいコンクリートが一般には優れているように思われがちだが，果たしてそうだろうか？　一般にコンクリートはつよくてかたいものほど，もろいと言われている。「もろい」とは，応力-ひずみ関係の，最大応力に達する際のひずみの大きさで表す。つまり，壊れるまでにどのくらい変形することができるかを表す指標と言える。つよくてかたいコンクリートは，確かに大きな力に耐えることができるが，一般に小さなひずみで壊れてしまい，破壊の規模も大きい。これを脆性破壊と言い望ましくない破壊形態とされている。

　最近，つよくて，かたくて，その上もろくないコンクリートを開発する研究が盛んに進められている。そのポイントは繊維の混入にある。鋼やビニロン等でできた，長さ数 10 mm，直径 0.5 mm 前後の繊維をコンクリートに適量混入することにより，コンクリートに引張が生じても，引張に強い繊維の架橋効果により，大きな変形に耐えうるしなやかなコンクリートが実現するというものである。

　読者は，「つよさ」，「かたさ」，「もろさ」の工学的意味を理解し，使い分けるとともに，要求性能に応じた「つよさ」と「かたさ」を備えた上で，もろく破壊することのないコンクリートおよびコンクリート構造となるよう留意してもらいたい。

第2章
設 計 法

2.1 各種設計法

　現在まで，示方書類に採用された設計法には許容応力度法，終局強度設計法，限界状態設計法があり，それらは，使用時と終局時のどちらを重視するか，安全度の照査方法などについて違いがある。

　土木学会コンクリート標準示方書では，かって許容応力度法が用いられていた。許容応力度法とは，コンクリートの引張応力を無視するなどいくつかの仮定の下，弾性理論によって計算した鉄筋およびコンクリートの応力度がそれぞれ許容応力度以下とすることで部材の安全を確認する設計法である。この方法は簡便であり長年の実績がある。しかし，材料強度の変動はもとより応力度算定の誤差など多くの不確定性を一つの安全率によって表し，材料強度を安全率で割った値を許容応力度として部材の安全性を検討するため，部材の安全性が不明確であるだけでなく経済性の観点でも必ずしも合理的な方法とは言えなかった。そこで1986年制定 土木学会コンクリート標準示方書では「設計編」において限界状態設計法が採り入れられた。

　さらに，2002年のコンクリート標準示方書の改訂では，それまでの仕様規定型から性能照査型に設計方法が改められ，2007年制定 コンクリート標準示方書［設計編］では，構造物の耐久性，安全性，使用性などに関する要求性能を明確にし，これを信頼性が高く合理的な方法で照査することを，設計作業段階における原則とした。また，最新の知見が盛り込まれた2017年制定 同書［設計編］では，［施工編］および［維持管理編］との連係が図られた。いずれも，要求性能の照査には限界状態設計法を採用しているので，次節では限界状態設計法につい

第1編　コンクリート構造物の力学基礎

て説明する。

2.2　限界状態設計法

2.2.1　一　　般

　限界状態設計法では，施工中および設計耐用期間中に断面破壊によって機能を失うことや変形によって正常な使用に支障をきたすなどといった設計の目的を満足しなくなるすべての限界状態について検討を行う。限界状態は，一般に耐久性，安全性，使用性，および復旧性に対して設定する。

　また，限界状態設計法の特徴は，安全性を照査するいくつかの過程で安全係数を用いることが挙げられる。

2.2.2　安全係数

　安全係数は，それが配慮する内容によって表-2.1に示すように定められており，標準的な安全係数の値を表-2.2に示す[1]。

　材料係数と部材係数は材料強度の特性値から設計断面耐力を算定する過程で用いられ，荷重係数と構造解析係数は作用の特性値から設計断面力を算定する過程

表-2.1　安全係数により配慮されている内容[1]

	配慮されている内容	取り扱う項目
断面耐力	1．材料強度のばらつき 　（1）材料実験データから判断できる部分 　（2）材料実験データから判断できない部分（材料実験データ不足・偏り，品質管理の程度，供試体と構造物中との材料強度の差異，経時変化等による） 2．限界状態に及ぼす影響の度合 3．部材断面耐力の計算上の不確実性，部材寸法のばらつき，部材の重要度，破壊性状	特性値 f_k 材料係数 γ_m 部材係数 γ_b
断面力	1．作用のばらつき 　（1）作用の統計的データから判断できる部分 　（2）作用の統計的データから判断できない部分（作用の統計的データの不足・偏り，設計耐用期間中の作用の変化，作用の算定方法の不確実性等による） 2．限界状態に及ぼす影響の度合 3．断面力等の算定時の構造解析の不確実性	特性値 F_k 作用係数 γ_f 構造解析係数 γ_a
構造物の重要度，限界状態に達したときの社会的経済的影響等		構造物係数 γ_i

表-2.2 標準的な安全係数の値[1]

安全係数 / 要求性能（限界状態）	材料係数 γ_m		部材係数	構造解析係数	作用係数	構造物係数
	コンクリート γ_c	鋼材 γ_s	γ_b	γ_a	γ_f	γ_i
安全性（断面破壊）	1.3	1.0 または 1.05	1.1～1.3	1.0	1.0～1.2	1.0～1.2
安全性（疲労破壊）	1.3	1.05	1.0～1.3	1.0	1.0	1.0～1.1
使用性	1.0	1.0	1.0	1.0	1.0	1.0

で用いられる。安全性の照査の過程でいくつもの安全係数があることは，計算の流れが煩雑になるように思われるかもしれない。しかし，それぞれの安全係数には明確な役割があり，より合理的な設計を可能にするのである。具体的には，材料係数はコンクリートと鉄筋では異なる値が用いられる。鉄筋は工場で管理され製造されており強度の変動が小さいので安全性（断面破壊）に関しては材料係数を 1.0 としてよいが，コンクリートは配合や締固めなど強度に変動を与える要因が多いので 1.3 としている。

このように，設計断面力 S_d および設計断面耐力 R_d を算定する各段階における不確実性を考慮するために，安全係数が用いられるのであるが，図-2.1 および図-2.2 にあるように安全性を照査する最後の段階で構造物係数 γ_i という安全係数が用いられる。これは，設計断面力と設計断面耐力を算定する過程で完全に危険側の要因を排除できないからである。さきほどのコンクリートを例にすると，安全係数は，強度試験における大部分の試験値が，特性値を下回らないよう定められたものであり，その他の安全係数についてもさまざまな不確実性を完全に補うものではない。つまり，限界状態に達することは起こりうるものであり，その場合の社会的な影響等を考慮するために構造物係数が用いられるのである。

照査は一般に式(2.1) により行う。

$$\gamma_i \cdot S_d / R_d \leqq 1.0 \tag{2.1}$$

ここに，S_d：設計応答値（設計断面力）

R_d：設計限界値（設計断面耐力）

γ_i：構造物係数

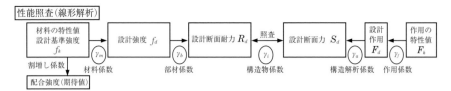

図-2.1 性能照査における安全係数[1]

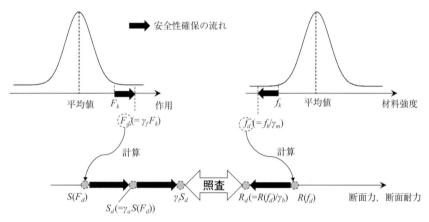

図-2.2 安全性照査

である。

2.2.3 安全性（断面破壊）

断面破壊については，設計耐用期間中に生じるすべての作用に対して，構造物が耐力を保持することを照査する必要がある。

断面破壊に対する安全性は，式(2.1)に従い，S_d（設計断面力）をR_d（設計断面耐力）で除した値に構造物係数γ_iを乗じ，この値が1.0以下であることによって確認される。

2.2.4 安全性（疲労破壊）

断面耐力より小さな断面力を生じる荷重であっても，それが繰り返し作用すると破壊に至る場合があり，これを疲労破壊と言う。疲労破壊については，設計耐用期間中に生じるすべての変動荷重の繰返しに対して，構造物が耐荷能力を保持

第 2 章 設 計 法●

することを照査する必要がある。

　高速道路や橋梁を通過する車両は小型車から大型車までさまざまであり，構造物に作用する繰返し荷重の大きさは不規則である。このような不規則に作用する変動断面力は適切な方法により独立な変動断面力の集合に分解し，マイナー則を適用して設計変動断面力 S_{rd} に対する等価繰返し回数 N の作用に置き換えてよいこととされている。ここで，マイナー則とは，一定振幅の繰返し回数 n_i とその振幅において破壊に至る回数，すなわち疲労寿命 N_i との比が被害度あるいは疲労の蓄積を表すというものであり式(2.2) で表される。そして，$M < 1$ では破壊は生じず，$M = 1$ となった時点で破壊に至ると考える。

$$M = \sum_{i=1}^{m} \frac{n_i}{N_i} \tag{2.2}$$

2.2.5　使用性

　使用性については，使用上の快適性や構造物のそれ以外の諸機能から定まる機能性の限界状態として，外観，振動，車両走行の快適性等，水密性，損傷（機能維持）等を設定する。

　鉄筋コンクリートにおいては，ひび割れが発生してもそれがすぐに断面の破壊につながるものではない。むしろ，鉄筋コンクリートはある程度のひび割れを許容するものである。ただし，ひび割れ幅には制約があり，耐久性や美観等を損なってはならない。ひび割れ幅が大きくなると，鉄筋の腐食が発生し耐久性に問題が生じるとともに，その外観から不安を与えることにもなる。

　また，振動についても検討しなければいけない場合がある。自動車が橋梁の上を通るとき，振動を感じることがある。その橋が十分な耐荷能力を持っていたとしても，あまりに振動が大きいと自動車を運転する人は不快あるいは不安を感じる。

　このように構造物がその機能を完全に失うわけではないが，正常な使用に問題がある場合について限界状態を定めたのが使用性である。

2.3 設計の手順

構造物の設計手順の概略を図-2.3に示す。

設計では，設計耐用期間を通じて構造物の要求性能が満足されていることを照査する必要がある。はじめに，構造物の要件，要求性能を設定し，構造計画を立てる。構造計画では，構造形式，概略構造（断面形状，材料），施工方法を設定する。そして，断面形状，材料，配筋といった構造詳細を設定し，性能照査を行う。照査で満足しない項目があれば構造詳細を見直し，全ての項目を満足すれば構造，材料，施工方法を決定する。なお，構造計画と構造詳細の設定にあたっては，施工性や維持管理の容易さなども考慮する必要がある。

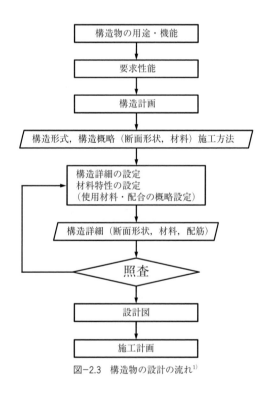

図-2.3 構造物の設計の流れ[1]

2.4 構造細目

コンクリート構造物の設計はコンクリートと鉄筋が一体となって挙動することを前提としており，一般構造細目はこの前提条件が確保されるよう規定されている。本章では，土木学会コンクリート標準示方書に定められている鉄筋コンクリート構造物の一般構造細目のいくつかを示す。

2.4.1 かぶり

かぶりは，最外縁に配置された鋼材からコンクリート表面までの距離である。2017年制定 コンクリート標準示方書［設計編］[1]では，図-2.4に示すように，鉄筋の直径または耐久性を満足するかぶりのいずれか大きい値に施工誤差を考慮した値を最小値としている。また，フーチングおよび構造物の重要な部材で，コンクリートが地中に直接打ち込まれる場合のかぶりは，75 mm以上とするのがよ

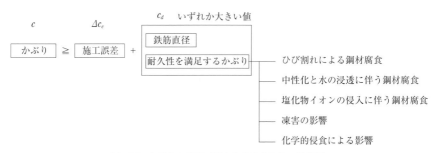

図-2.4 かぶりの算定（耐火性を要求しない場合）[1]

表-2.3 耐久性を満足する構造物の最小かぶりと最大水セメント比[1]

部材	W/Cの最大値	かぶりcの最小値(mm)	施工誤差 Δc_e(mm)
柱	50	45	15
梁	50	40	10
スラブ	50	35	5
橋脚	55	55	15

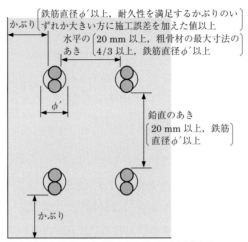

図-2.5 束ねた鉄筋のかぶりおよびあき[1]

いとしている。

2017年制定 コンクリート標準示方書［設計編］では，一般的な環境下における構造物のかぶりとして，表-2.3に示す値を示している。なお，同表は，普通ポルトランドセメントを使用したコンクリートで，設計耐用年数100年を想定している。

図-2.5に示すように，異形鉄筋を束ねて配置する場合は，束ねた鉄筋をその断面積の和に等しい断面積の1本の鉄筋と考えて，鉄筋直径を求める。ただし，かぶりは束ねた鉄筋自体が満足するものとする。

2.4.2 鉄筋のあき

鉄筋コンクリート構造物を施工する際は，コンクリートを鉄筋の周囲に十分にゆきわたらせる必要があり，かつ，十分締固めを行うために内部振動機を容易に挿入できなければならない。そのため，鉄筋のあきは以下のように定められている。

はりにおける軸方向鉄筋の水平のあきは，20 mm以上，粗骨材の最大寸法の4/3倍以上，鉄筋の直径以上とすること。2段以上に軸方向鉄筋を配置する場合

第 2 章 設 計 法

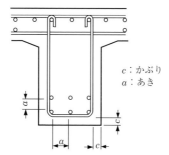

図-2.6 鉄筋のあきおよびかぶり[1]

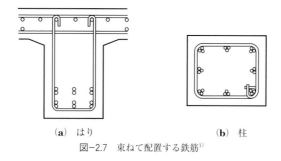

(a) はり　　　　　　　　(b) 柱
図-2.7 束ねて配置する鉄筋[1]

には，一般にその鉛直のあきは，20 mm 以上，鉄筋直径以上とすること（図-2.6参照）。

柱における軸方向鉄筋のあきは，40 mm 以上，粗骨材の最大寸法の4/3倍以上，鉄筋直径の1.5倍以上とすること。

直径32 mm以下の異形鉄筋を用いる場合で，複雑な鉄筋の配置により，十分な締固めが行えない場合は，はりおよびスラブ等の水平の軸方向鉄筋は2本ずつを上下に束ね，柱および壁等の鉛直軸方向鉄筋は，2本または3本ずつを束ねて配置してもよい（図-2.7参照）。

2.4.3 鉄筋端部のフック

スターラップ，帯鉄筋などでは，その端部を曲げ加工し標準フックを設けなければならない。鉄筋の曲げ形状は以下のように定められている。

標準フックとして，半円形フック，直角フックあるいは鋭角フックを用いることとする。半円形フックは，鉄筋の端部を半円形に180°折曲げ，半円形の端か

37

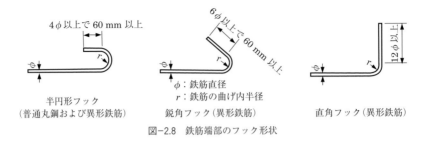

図-2.8 鉄筋端部のフック形状

ら鉄筋直径の 4 倍以上で 60 mm 以上まっすぐ延ばしたものとすること（図-2.8 参照）。鋭角フックは，鉄筋の端部を 135°折り曲げ，折り曲げてから鉄筋直径の 6 倍以上で 60 mm 以上まっすぐ延ばしたものとすること。直角フックは，鉄筋の端部を 90°折り曲げ，折り曲げてから鉄筋直径の 12 倍以上まっすぐに延ばしたものとすること。

軸方向引張鉄筋に普通丸鋼を用いる場合には，標準フックとして常に半円形フックを用いなければならない。スターラップおよび帯鉄筋に普通丸鋼を用いる場合には，半円形フックとしなければならない。異形鉄筋をスターラップに用いる場合，直角フックまたは鋭角フックを用いてもよい。異形鉄筋を帯鉄筋に用いる場合には，原則として，半円形フックまたは鋭角フックとする。

鉄筋の曲げ内半径を小さくすると，鉄筋の亀裂，破損の恐れがあるため，最小の曲げ内半径が表-2.4 のように定められている。

表-2.4 フックの曲げ内半径[1]

種類		曲げ内半径 (r)	
		軸方向鉄筋	スターラップおよび帯鉄筋
普通丸鋼	SR235	2.0ϕ	1.0ϕ
	SR295	2.5ϕ	2.0ϕ
異形棒鋼	SD295A，B	2.5ϕ	2.0ϕ
	SD345	2.5ϕ	2.0ϕ
	SD390	3.0ϕ	2.5ϕ
	SD490	3.5ϕ	3.0ϕ

◎参考文献

1) 土木学会：2017 年制定 コンクリート標準示方書［設計編］，2018

第3章

曲げを受ける鉄筋コンクリート部材

3.1 概　説

　曲げモーメントを受ける鉄筋コンクリート部材としてはりを考える。断面には曲げモーメントの大きさに応じて，ひずみおよび応力が発生する。図−3.1(**a**)〜(**d**)は，単純支持された鉄筋コンクリートはりの曲げモーメント M の増大に伴い断面に生じる応力状態を示し，また，図−3.1(**e**)は曲げモーメントと曲率の関係を示している。

　状態 I は，コンクリートおよび鉄筋の応力がともに弾性域にあり，そして引張部に曲げひび割れが生じるまでをいう。図−3.1(**a**)のように，曲げモーメント M が小さく圧縮側および引張側のコンクリート応力を直線分布とみなすことができる状態であり，全断面を有効として弾性理論が適用できる。さらに，M が大きくなり，ひび割れ発生直前においては，図−3.1(**b**)の状態 I a のように圧縮側のコンクリートの応力は直線分布するが，引張側のコンクリートが塑性化し，引張縁のコンクリートのひずみが伸び能力に達したときひび割れが生じる。断面内の鉄筋を無視し，はりを弾性体とみなした時の最大引張応力がコンクリートの曲げ強度に達するとひび割れが生じるとして，ひび割れモーメントを求めることができる。

　状態 II は，曲げひび割れの発生から引張鉄筋の降伏までをいう。図−3.1(**c**)のようにはりに曲げひび割れが生じるとひび割れ断面において，圧縮側コンクリートの応力は直線分布から徐々に曲線分布するようになる。また，引張力は鉄筋が負担し，引張側のコンクリートについてはひび割れの生じていないわずかな部分が残るものの無視できる程度の大きさである。

39

状態Ⅲは，引張鉄筋が降伏し，上縁のコンクリートが圧壊するまでをいう。図-3.1(**d**) のように鉄筋が降伏すると鉄筋のひずみは急増し，中立軸の位置も圧縮側に大きく移動する。そして，コンクリート圧縮縁のひずみが終局ひずみに達すると破壊にいたる。一方，鉄筋量が多いと，鉄筋の応力が降伏する前に，コンクリートの圧壊が先行する場合がある。このときの破壊は，ぜい性的となり好ましくない。したがって，鉄筋が降伏点に達し，そして圧縮側コンクリートの塑性変形が十分進んでから，コンクリートが圧壊するような配筋にする。

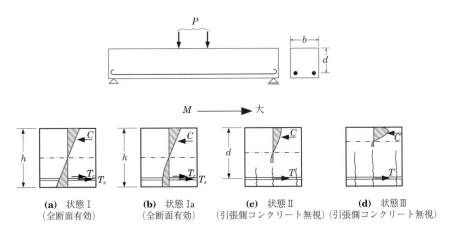

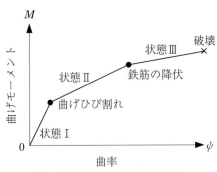

図-3.1 曲げを受ける鉄筋コンクリートはり

3.2 曲げを受ける鉄筋コンクリート部材の弾性挙動（状態Ⅰ）

曲げひび割れ発生前の鉄筋コンクリートはりは状態Ⅰにあり，弾性はりとみなすことができる。図-3.2のように曲げを受ける断面の鉄筋コンクリート部材の応力 σ は，全断面有効として，式(3.1) から求めることができる。

$$\sigma = \frac{M}{I} y \tag{3.1}$$

ここで，M：断面に作用する曲げモーメント
　　　　y：はりの中立軸からの距離
　　　　I：断面の中立軸に関する換算断面2次モーメント

ここで，中立軸からの距離 y は基本的に下向きを正にとる。そのため，中立軸より上側の圧縮域においては，ひずみや応力の値がマイナス（−）となる。ただし，ε' および σ' のように，ひずみや応力を表すアルファベットにダッシュ（′）が付く場合，「圧縮ひずみ」および「圧縮応力」であることを表し，プラス（＋）で表記する。

換算断面とは，コンクリートの弾性係数を E_c，鉄筋の弾性係数を E_s そして弾性係数比（または，ヤング係数比）E_s/E_c を n と置くとき，鉄筋の断面積に弾性係数比 n を乗じてコンクリート断面に等価な断面に置き換えるものである。

換算断面積は，コンクリートの断面積にこの鉄筋の換算分を加えた面積であり，また，換算断面の中立軸に関する断面2次モーメントが換算断面2次モーメント

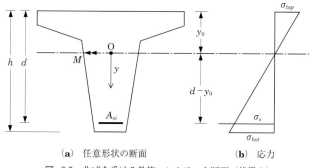

(a) 任意形状の断面　　　　(b) 応力
図-3.2　曲げを受ける鉄筋コンクリート断面（状態Ⅰ）

である。

　鉄筋に生じる応力は，同じ位置におけるコンクリートの応力の n 倍であり，$\sigma_s = \dfrac{nM}{I} y$ となる。

　式(3.1) から得られる引張縁の曲げ応力 σ_{bot} が，コンクリートの曲げ強度 f_b に達したときの曲げモーメントをひび割れ発生モーメント M_{cr} という。

[例1]　図-3.3 のようにひび割れ発生前の T 形断面に曲げモーメント $M_0 = 20$ kN·m が作用するときのコンクリートと鉄筋の応力を求めよ。ただし，$b = 500$ mm，$b_0 = 100$ mm，$h = 600$ mm，$d = 550$ mm，$t = 100$ mm，そして $A_s = 507$ mm^2 とする。また，コンクリートの弾性係数 $E_c = 2.5 \times 10^4$ N/mm^2，鉄筋の弾性係数 $E_s = 2.0 \times 10^5$ N/mm^2 とし，弾性係数比 n は $n = E_s/E_c = 8$ とする。

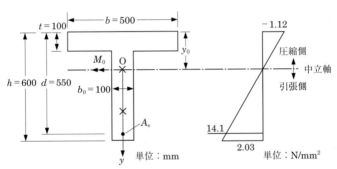

図-3.3　曲げモーメント M_0 を受ける鉄筋コンクリート T 形断面（ひび割れ前）

【解】
　断面上縁から図心 O までの位置 y_O は，

$$y_O = \dfrac{\dfrac{b_0 h^2}{2} + \dfrac{(b-b_0)t^2}{2} + nA_s d}{b_0 h + (b-b_0)t + nA_s} = \dfrac{\dfrac{100 \times 600^2}{2} + \dfrac{400 \times 100^2}{2} + 8 \times 507 \times 550}{100 \times 600 + 400 \times 100 + 8 \times 507}$$
$$= 214 \text{ mm}$$

中立軸位置における断面 2 次モーメント I は，

$$I = \frac{1}{3}by_0^3 - \frac{1}{3}(b-b_0)(y_0-t)^3 + \frac{1}{3}b_0(h-y_0)^3 + nA_s(d-y_0)^2$$

$$= \frac{1}{3} \times 500 \times 214^3 - \frac{1}{3} \times 400 \times (214-100)^3 + \frac{1}{3} \times 100 \times (600-214)^3$$

$$+ 8 \times 507 \times (550-214)^2$$

$$= 3.81 \times 10^9 \, \text{mm}^4$$

T 形断面の上縁および下縁の応力は，

$$\sigma_{top} = \frac{M_0}{I}y = \frac{20 \times 10^6}{3.81 \times 10^9} \times (-214) = -1.12 \, \text{N/mm}^2$$

$$\sigma_{bot} = \frac{M_0}{I}y = \frac{20 \times 10^6}{3.81 \times 10^9} \times 386 = 2.03 \, \text{N/mm}^2$$

$$\sigma_s = \frac{nM_0}{I}(d-y_0) = \frac{8 \times 20 \times 10^6}{3.81 \times 10^9} \times 336 = 14.1 \, \text{N/mm}^2$$

例 1 では鉄筋コンクリート部材によく用いられる T 形断面を対象とした。解の中で $b = b_0$ とおくと，鉄筋コンクリートにおける基本的な断面である矩形断面となる。

また，例 1 はひび割れ前の弾性状態における鉄筋コンクリート断面に関する応力を示した。鉄筋を無視し，無筋コンクリート断面とみなした場合，$y_0 = 200$ mm，$I = 3.33 \times 10^9 \, \text{mm}^4$，$\sigma_{top} = -1.20 \, \text{N/mm}^2$，そして $\sigma_{bot} = 2.4 \, \text{N/mm}^2$ となる。

一般的な鉄筋コンクリート部材のように，鉄筋量がコンクリート断面の 1 ％程度であれば，ひび割れ前の弾性計算において鉄筋を無視してもよい。

3.3　曲げモーメントを受ける鉄筋コンクリート部材の弾性理論（状態Ⅱ）

鉄筋コンクリート部材に曲げモーメント M が作用し，ひび割れ発生後の状態Ⅱにおける断面に生じる応力とひずみを算定する。応力の算定において，次の 3 つの仮定を設けて応力およびひずみを計算する。

① 維ひずみは，断面の中立軸からの距離に比例する。これを平面保持の仮定という。

② コンクリートおよび鉄筋の弾性係数は一定である。これは，弾性体の応力

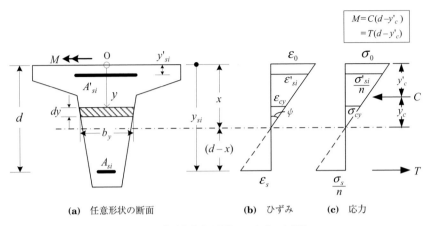

(a) 任意形状の断面 **(b)** ひずみ **(c)** 応力

図-3.4 曲げを受ける鉄筋コンクリート部材

とひずみは比例するというフックの法則である。

③ コンクリートの引張応力は無視する。

さらに，鉄筋コンクリート部材においては，コンクリートの弾性係数 E_c を基準として，鉄筋の弾性係数 E_s との弾性係数比（または，ヤング係数比）n を $n = E_s/E_c$ とおき，鉄筋の断面積を実際の面積の n 倍に置き換える。

図-3.4(**a**)のように，断面に曲げモーメント M が作用するとき，任意点を基準点 O として解析を進めることになるが，ここでは，基準点 O を断面上縁にとる。

また，圧縮縁から引張鉄筋の重心までの距離を d で表し，これをはりの有効高さとよぶ。

前述の仮定の①より，任意点 y におけるひずみ ε_{cy} は，基準点 O の軸ひずみ ε_0 そして，曲率を ψ とおくと，

$$\varepsilon_{cy} = \varepsilon_0 + \psi y \tag{3.2}$$

前述の仮定の②および③より任意点 y におけるコンクリートの応力 σ_{cy}，圧縮鉄筋の応力 σ'_{si}，および引張鉄筋の応力 σ_{si} は，中立軸深さを x とするとき，

$$\sigma_{cy} = \begin{cases} E_c \varepsilon_{cy} = E_c(\varepsilon_0 + \psi y) & y < x \\ 0 & y \geq x \end{cases} \tag{3.3}$$

$$\begin{aligned} \sigma'_{si} &= E_s \varepsilon'_{si} = E_s(\varepsilon_0 + \psi y'_{si}) & y'_{si} < x \\ \sigma_{si} &= E_s \varepsilon_{si} = E_s(\varepsilon_0 + \psi y_{si}) & y_{si} \geq x \end{aligned} \tag{3.4}$$

水平方向の力の釣合いは，図-3.4（**a**）および図-3.4（**c**）より，

$$0 = \int_{A_c} \sigma_{cy} dA_c + \sum \sigma'_{si} A'_{si} + \sum \sigma_{si} A_{si} \tag{3.5}$$

ここで，A_c は圧縮縁から中立軸までの圧縮部コンクリートの断面積である。

$$
\begin{aligned}
0 &= \int_0^x E_c (\varepsilon_0 + \psi y) b_y dy + \sum E_s (\varepsilon_0 + \psi y'_{si}) A'_{si} + \sum E_s (\varepsilon_0 + \psi y_{si}) A_{si} \\
&= E_c \varepsilon_0 \int_0^x b_y dy + E_c \psi \int_0^x b_y y dy + \varepsilon_0 \sum E_s (A'_{si} + A_{si}) \\
&\quad + \psi \sum E_s (A'_{si} y'_{si} + A_{si} y_{si}) \\
&= E_c \varepsilon_0 \left\{ A_c + n \sum (A'_{si} + A_{si}) \right\} + E_c \psi \left\{ B_c + n \sum (A'_{si} y'_{si} + A_{si} y_{si}) \right\} \\
0 &= E_c A \varepsilon_0 + E_c B \psi
\end{aligned}
\tag{3.6}
$$

ここで，A および B は，換算断面積および換算断面 1 次モーメントであり，

$$
\begin{aligned}
A &= A_c + n \sum (A'_{si} + A_{si}) \\
B &= B_c + n \sum (A'_{si} y'_{si} + A_{si} y_{si})
\end{aligned}
\tag{3.7}
$$

一方，基準点 O における曲げモーメントの釣合いは，

$$M = \int_{A_c} \sigma_{cy} y dA_c + \sum \sigma'_{si} A'_{si} y'_{si} + \sum \sigma_{si} A_{si} y_{si} \tag{3.8}$$

$$
\begin{aligned}
&= \int_0^x E_c (\varepsilon_0 + \psi y) y b_y dy + \sum E_s (\varepsilon_0 + \psi y'_{si}) A'_{si} y'_{si} \\
&\quad + \sum E_s (\varepsilon_0 + \psi y_{si}) A_{si} y_{si} \\
&= E_c \varepsilon_0 \int_0^x y b_y dy + E_c \psi \int_0^x y^2 b_y dy + \varepsilon_0 \sum E_s (A'_{si} y'_{si} + E_s A_{si} y_{si}) \\
&\quad + \psi \sum E_s (A'_{si} y'^2_{si} + E_s A_{si} y^2_{si}) \\
&= E_c \varepsilon_0 \left\{ B_c + n \sum (A'_{si} y'_{si} + A_{si} y_{si}) \right\} + E_c \psi \left\{ I_c + n \sum (A'_{si} y'^2_{si} + A_{si} y^2_{si}) \right\} \\
M &= E_c B \varepsilon_0 + E_c I \psi
\end{aligned}
\tag{3.9}
$$

ここで，I は換算断面 2 次モーメントである。

$$I = I_c + n \sum A'_{si} y'^2_{si} + n \sum A_{si} y^2_{si} \tag{3.10}$$

式（3.6）および式（3.9）から

$$
\begin{Bmatrix} 0 \\ M \end{Bmatrix} = E_c \begin{bmatrix} A & B \\ B & I \end{bmatrix} \begin{Bmatrix} \varepsilon_0 \\ \psi \end{Bmatrix}
\tag{3.11}
$$

第1編　コンクリート構造物の力学基礎

曲げモーメント M が既知のとき，軸ひずみ ε_0 と曲率 ψ は，

$$\begin{Bmatrix} \varepsilon_0 \\ \psi \end{Bmatrix} = \frac{1}{E_c} \begin{bmatrix} A & B \\ B & I \end{bmatrix}^{-1} \begin{Bmatrix} 0 \\ M \end{Bmatrix} = \frac{1}{E_c(AI-B^2)} \begin{bmatrix} I & -B \\ -B & A \end{bmatrix} \begin{Bmatrix} 0 \\ M \end{Bmatrix} \tag{3.12}$$

$$\varepsilon_0 = -\frac{BM}{E_c(AI-B^2)}$$
$$\psi = \frac{AM}{E_c(AI-B^2)} \tag{3.13}$$

任意点のひずみは式(3.2) より，$\varepsilon_{cy} = \varepsilon_0 + \psi y$ で表され，中立軸位置 x では，$\varepsilon_{cy} = 0$ であり，また，式(3.13) より

$$x = -\frac{\varepsilon_0}{\psi} = \frac{B}{A} \tag{3.14}$$

これより，曲げを受ける鉄筋コンクリート断面の中立軸位置 x の計算は，換算断面積に関する図心を求めることになる。

任意点 y におけるコンクリートの応力 σ_{cy} は式(3.13) と式(3.14) より式(3.15) のように得られ，

$$\sigma_{cy} = E_c \varepsilon_{cy} = E_c(\varepsilon_0 + \psi y) = \frac{M}{I-(B^2/A)}(-x+y) \tag{3.15}$$

また，鉄筋の応力 σ_s は，次の式(3.16) より算定される。

$$\sigma_s = E_s \varepsilon_{si} = E_s(\varepsilon_0 + \psi y_{si}) = \frac{nM}{I-(B^2/A)}(-x+y_{si}) \tag{3.16}$$

圧縮縁から圧縮力 C の作用点までの距離 y_c' は，基準点 O に関する曲げモーメントの釣合いを考えると，式(3.17) より求まる。

$$y_c' = \frac{\int_0^x \sigma_{cy} y b_y dy + \sum \sigma_{si}' A_s' y_{si}'}{\int_0^x \sigma_{cy} b_y dy + \sum \sigma_{si}' A_s'} \tag{3.17}$$

そして，中立軸から圧縮力 C の作用点までの距離 y_c は式(3.18) より求めることができる。

$$y_c = x - y_c' \tag{3.18}$$

第3章 曲げを受ける鉄筋コンクリート部材

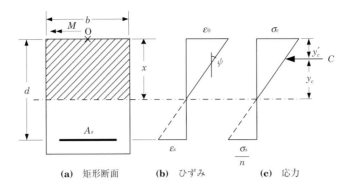

図-3.5 単鉄筋矩形断面

（1）単鉄筋矩形断面の場合

図-3.5のような単鉄筋矩形断面に曲げモーメント M が作用するとき，弾性係数比を $n = E_s/E_c$ として中立軸深さ x とコンクリート上縁の応力 σ_c および鉄筋の応力 σ_s を求め，さらに圧縮力の作用位置 y_c' を計算する．

基準点Oに関する換算断面諸量は，式(3.7) および (3.10) から，

$$A = bx + nA_s$$
$$B = \frac{1}{2}bx^2 + nA_s d$$
$$I = \frac{1}{3}bx^3 + nA_s d^2$$

中立軸深さ x は，式(3.14) より

$$x = \frac{B}{A} = \frac{\frac{1}{2}bx^2 + nA_s d}{bx + nA_s} \tag{3.19}$$

これより，x に関する2次方程式を解くと，

$$x = -\frac{nA_s}{b} + \sqrt{\left(\frac{nA_s}{b}\right)^2 + 2n\frac{A_s d}{b}} \tag{3.20}$$

ここで，鉄筋量 A_s とコンクリートの有効断面積 bd との比が鉄筋比 p である．また，式(3.20) において $p = A_s/bd$，$k = x/d$，そして，$n = E_s/E_c$ を用いると

第1編　コンクリート構造物の力学基礎

$$k = -np + \sqrt{(np)^2 + 2np} \tag{3.21}$$

式(3.13) より，軸ひずみ ε_0 および曲率 ψ が得られる。

コンクリート上縁の応力 σ_c は，式(3.15) において $y = 0$ とおき，

$$\sigma_c = E_c \varepsilon_0 = -\frac{M}{I - \dfrac{B^2}{A}} x \tag{3.22}$$

鉄筋の応力 σ_s は式(3.16) において，$y_{si} = d$ であるから，

$$\sigma_s = E_s(\varepsilon_0 + \psi y_s) = \frac{nM}{I - \dfrac{B^2}{A}}(d - x) \tag{3.23}$$

圧縮力 C の作用位置を，圧縮縁からの距離 y_c' で表すと，式(3.17) より，

$$y_c' = \frac{\displaystyle\int_0^x E_c(\varepsilon_0 + \psi y) y b \, dy}{\displaystyle\int_0^x E_c(\varepsilon_0 + \psi y) b \, dy} = \frac{\varepsilon_0 \displaystyle\int_0^x y \, dy + \psi \displaystyle\int_0^x y^2 \, dy}{\varepsilon_0 \displaystyle\int_0^x dy + \psi \displaystyle\int_0^x y \, dy} = \frac{\dfrac{x}{2}\varepsilon_0 + \dfrac{\psi}{3}x^2}{\varepsilon_0 + \dfrac{\psi}{2}x} \tag{3.24}$$

ここで，$\psi = -\dfrac{\varepsilon_0}{x}$ であるから，

$$y_c' = \frac{\dfrac{\varepsilon_0}{2}x + \dfrac{x^2}{3} \times \left(-\dfrac{\varepsilon_0}{x}\right)}{\varepsilon_0 - \dfrac{x}{2} \times \dfrac{\varepsilon_0}{x}} = \frac{\dfrac{\varepsilon_0}{6}x}{\dfrac{\varepsilon_0}{2}} = \frac{1}{3}x \tag{3.25}$$

また，中立軸から圧縮力作用位置までの距離 y_c は式(3.18) より，

$$y_c = \frac{2}{3}x$$

となる。

[例1]　図−3.6 に示す幅 $b = 500\,\mathrm{mm}$，有効高さ $d = 680\,\mathrm{mm}$ の単鉄筋矩形断面に曲げモーメント $M = 300\,\mathrm{kN \cdot m}$ が作用する。コンクリート上縁の応力および鉄筋の応力を求めよ。また，圧縮力の作用位置を計算せよ。

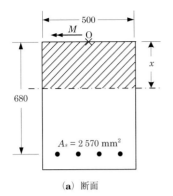
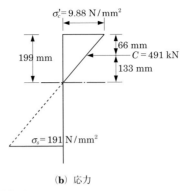

(a) 断面 (b) 応力

図-3.6 単鉄筋断面

ただし，$A_s = 2570\,\mathrm{mm}^2$（4D29），$E_c = 2.5 \times 10^4\,\mathrm{N/mm^2}$，$E_s = 2.0 \times 10^5\,\mathrm{N/mm^2}$，$n = E_s/E_c = 8$ とする。

【解】

単鉄筋矩形断面であるから，中立軸深さ x は，式(3.20) より，

$$x = -\frac{8 \times 2570}{500} + \sqrt{\left(\frac{8 \times 2570}{500}\right)^2 + 2 \times 8 \times \frac{2570 \times 680}{500}} = 199\,\mathrm{mm}$$

ここで，

$A = bx + nA_s = 500 \times 199 + 8 \times 2570 = 1.20 \times 10^5\,\mathrm{mm}^2$

$B = \dfrac{1}{2}bx^2 + nA_s d = \dfrac{1}{2} \times 500 \times 199^2 + 8 \times 2570 \times 680 = 2.39 \times 10^7\,\mathrm{mm}^3$

$I = \dfrac{1}{3}bx^3 + nA_s d^2 = \dfrac{1}{3} \times 500 \times 199^3 + 8 \times 2570 \times 680^2 = 1.08 \times 10^{10}\,\mathrm{mm}^4$

$I - \dfrac{B^2}{A} = 6.04 \times 10^9\,\mathrm{mm}^4$

コンクリート上縁の応力 σ_c は，式(3.22) より，

$$\sigma_c = -\frac{300 \times 10^6}{6.04 \times 10^9} \times 199 = -9.88\,\mathrm{N/mm^2}$$

よって，$\sigma_c' = 9.88\,\mathrm{N/mm^2}$

また，鉄筋の応力 σ_s は，式(3.23) より，

$$\sigma_s = \frac{8 \times 300 \times 10^6}{6.04 \times 10^9}(680-199) = 191 \text{ N/mm}^2$$

$C = T = 191 \times 2570 = 491$ kN

圧縮力の作用位置 y'_c は,式(3.25)より,

$$y'_c = \frac{1}{3}x = 66 \text{ mm}$$

さらに,中立軸から圧縮力の作用位置までの距離 y_c は式(3.18)より,

$$y_c = \frac{2}{3}x = 133 \text{ mm}$$

(2) 単鉄筋T形断面の場合

　鉄筋コンクリートはりの断面計算においては,中立軸以下のコンクリート引張部を無視するので,はり支間が長くなると矩形断面では,自重が大きくなり不経済となる。そこで,引張部のコンクリート断面の一部をスリムにしたT形断面が用いられる。図-3.7のような単鉄筋T形断面に曲げモーメント M が作用するとき,中立軸深さ x とコンクリート上縁の応力 σ_c および鉄筋の応力 σ_s を求め,さらに,圧縮力の作用位置 y'_c を計算する。

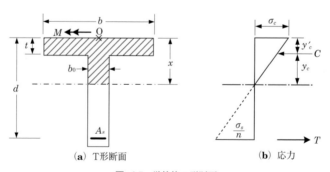

図-3.7　単鉄筋T形断面

基準点Oに関する換算断面諸量は,式(3.7)および(3.10)から,

$A = (b-b_0)t + b_0 x + nA_s$

第3章　曲げを受ける鉄筋コンクリート部材●

$$B=(b-b_0)\frac{t^2}{2}+b_0\frac{x^2}{2}+nA_sd$$

$$I=(b-b_0)\frac{t^3}{3}+b_0\frac{x^3}{3}+nA_sd^2$$

(3.26)

中立軸深さ x は，式(3.14) より，

$$x=\frac{B}{A}=\frac{(b-b_0)\dfrac{t^2}{2}+b_0\dfrac{x^2}{2}+nA_sd}{(b-b_0)t+b_0x+nA_s}$$

これより，x に関する2次方程式を解くと，中立軸深さ x が得られる。

$$x=-\frac{t(b-b_0)+nA_s}{b_0}+\sqrt{\left\{\frac{t(b-b_0)+nA_s}{b_0}\right\}^2+\frac{t^2(b-b_0)+2nA_sd}{b_0}}$$

(3.27)

コンクリートおよび鉄筋の応力は式(3.15) および式(3.16) より得られる。

また，圧縮力 C の作用位置を圧縮縁からの距離 y_c' で表すと，式(3.17) より，

$$y_c'=\frac{\displaystyle\int_0^x E_c(\varepsilon_0+\psi y)ybdy}{\displaystyle\int_0^x E_c(\varepsilon_0+\psi y)bdy}=\frac{1}{3}\frac{bx^3-(b-b_0)(x-t)^2(x+2t)}{bx^2-(b-b_0)(x-t)^2}$$

(3.28)

T形断面において，$b=b_0$ とおくと中立軸深さ x および圧縮力 C の作用位置 y_c' は，矩形断面の場合に一致する。

また，$b/b_0>3$ のとき，圧縮を受けるウェブのコンクリート断面の応力度は，フランジ部のそれに比較すると小さいので無視してもよい。

したがって，換算断面諸量は，式(3.7) および式(3.10) より

$$A=bt+nA_s$$

$$B=\frac{bt^2}{2}+nA_sd$$

$$I=\frac{bt^3}{3}+nA_sd^2$$

(3.29)

中立軸深さ x は，式(3.14) より

51

$$x = \frac{B}{A} = \frac{\dfrac{bt^2}{2}+nA_s d}{bt+nA_s} \tag{3.30}$$

コンクリートおよび鉄筋の応力は式(3.15) および式(3.16) より得られる。圧縮力 C の作用位置を圧縮縁からの距離 y'_c で表すと，式(3.17) より，

$$y'_c = \frac{\int_0^t E_c(\varepsilon_0 + \psi y)\,ybdy}{\int_0^t E_c(\varepsilon_0 + \psi y)\,bdy} = \frac{t(3x-2t)}{3(2x-t)} \tag{3.31}$$

[例2] 図-3.8 に示す上フランジ幅 $b = 500\,\mathrm{mm}$，上フランジ厚 $t = 100\,\mathrm{mm}$，ウェブ幅 $b_0 = 100\,\mathrm{mm}$，有効高さ $d = 680\,\mathrm{mm}$ の単鉄筋 T 形断面に曲げモーメント $M = 300\,\mathrm{kN\cdot m}$ が作用する。このとき，断面には曲げひび割れが発生し，鉄筋は降伏前の状態（状態Ⅱ）にある。コンクリート上縁の応力および鉄筋の応力を求めよ。また，圧縮力の作用位置を計算せよ。

ただし，$A_s = 2\,570\,\mathrm{mm}^2$，$E_c = 2.5 \times 10^4\,\mathrm{N/mm}^2$，$E_s = 2.0 \times 10^5\,\mathrm{N/mm}^2$，$n = E_s/E_c = 8$ とする。

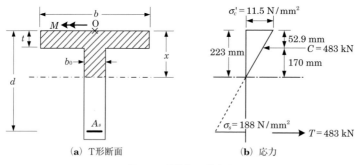

図-3.8 単鉄筋 T 形断面

【解】
単鉄筋 T 形断面であるから，中立軸深さ x は，式(3.27) より，

$$x = -\frac{100\times 400 + 8\times 2\,570}{100} + \sqrt{\left\{\frac{100\times 400 + 8\times 2\,570}{100}\right\}^2 + \frac{100^2 \times 400 + 2\times 8\times 2\,570\times 680}{100}}$$

$$= 223\,\mathrm{mm}$$

換算断面諸量は，式(3.26) より，

$$A=(500-100)\times100+100\times223+8\times2\,570=8.23\times10^{4}\,\mathrm{mm}^{2}$$

$$B=(500-100)\times\frac{100^{2}}{2}+\frac{100}{2}\times223^{2}+8\times2\,570\times680=1.85\times10^{7}\,\mathrm{mm}^{3}$$

$$I=(500-100)\times\frac{100^{3}}{3}+\frac{100}{3}\times223^{3}+8\times2\,570\times680^{2}=1.00\times10^{10}\,\mathrm{mm}^{4}$$

$$I-\frac{B^{2}}{A}=5.84\times10^{9}\,\mathrm{mm}^{4}$$

コンクリート上縁の応力 σ_c は，式(3.15) において $y=0$ とおくと，

$$\sigma_c=-\frac{300\times10^{6}}{5.84\times10^{9}}\times223=-11.5\,\mathrm{N/mm}^{2}$$

よって，$\sigma_c'=11.5\,\mathrm{N/mm}^{2}$

鉄筋の応力 σ_s は，式(3.16) において $y_{si}=d$ であるので，

$$\sigma_s=\frac{8\times300\times10^{6}}{5.84\times10^{9}}(680-223)=188\,\mathrm{N/mm}^{2}$$

$$C=T=188\times2\,570=483\,\mathrm{kN}$$

圧縮力 C の作用位置を圧縮縁からの距離 y_c' で表すと，式(3.28) より，

$$y_c'=\frac{1}{3}\frac{500\times223^{3}-(500-100)(223-100)^{2}(223+2\times100)}{500\times223^{2}-(500-100)(223-100)^{2}}=52.9\,\mathrm{mm}$$

なお，$b/b_0>3$ であるので，圧縮を受けるウェブのコンクリートを無視すると換算断面諸量は，式(3.29) より，

$$A=500\times100+8\times2\,570=7.06\times10^{4}\,\mathrm{mm}^{2}$$

$$B=\frac{500\times100^{2}}{2}+8\times2\,570\times680=1.65\times10^{7}\,\mathrm{mm}^{3}$$

$$I=\frac{500\times100^{3}}{3}+8\times2\,570\times680^{2}=9.67\times10^{9}\,\mathrm{mm}^{4}$$

中立軸深さ x は，式(3.30) より，

$$x=\frac{B}{A}=234\,\mathrm{mm}$$

第1編　コンクリート構造物の力学基礎

$$I - \frac{B^2}{A} = 5.81 \times 10^9 \, \text{mm}^4$$

コンクリート上縁の応力 σ_c は，式 (3.15) において $y = 0$ とおくと，

$$\sigma_c = -\frac{300 \times 10^6}{5.81 \times 10^9} \times 234 = -12.1 \, \text{N/mm}^2$$

よって，$\sigma_c' = 12.1 \, \text{N/mm}^2$

鉄筋の応力 σ_s は，式 (3.16) において $y_{si} = d$ であるので，

$$\sigma_s = \frac{8 \times 300 \times 10^6}{5.81 \times 10^9}(680 - 234) = 184 \, \text{N/mm}^2$$

圧縮力 C の作用位置を圧縮縁からの距離 y_c' で表すと，式 (3.31) より，

$$y_c' = \frac{1}{3}\frac{100(3 \times 234 - 2 \times 100)}{(2 \times 234 - 100)} = 45.5 \, \text{mm}$$

3.4　曲げ耐力

曲げ耐力は，破壊抵抗曲げモーメントのことであり，次の仮定のもとに算定される。

① 平面保持の仮定が成り立つ。

② コンクリートの引張抵抗は無視する。

③ 圧縮縁のひずみが終局圧縮ひずみ ε_{cu} に達したとき断面に破壊が生じる。

④ コンクリートおよび鉄筋の応力-ひずみ曲線は図-3.9 に従うものとする。

コンクリートの応力ひずみ関係は図-3.9(**a**) に示すように

$$\left.\begin{array}{ll} \sigma_c' = k_1 f_{cd}'\left\{2\left(\dfrac{\varepsilon}{\varepsilon_1}\right) - \left(\dfrac{\varepsilon}{\varepsilon_1}\right)^2\right\} & 0 < \varepsilon < \varepsilon_1 \\[3mm] \sigma_c' = k_1 f_{cd}' & \varepsilon_1 \leqq \varepsilon < \varepsilon_{cu} \end{array}\right\} \tag{3.32}$$

ここで，ε_{cu}：コンクリートの終局圧縮ひずみ

　　　　　ε_1：最大応力に対するひずみ

　　　　　f_{cd}'：コンクリートの設計圧縮強度

　　　　　k_1：部材の圧縮強度が円柱供試体の圧縮強度より小さくなることを考

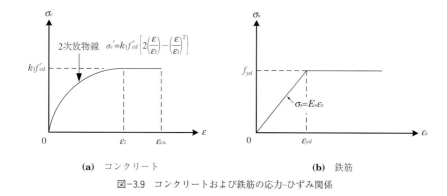

(a) コンクリート　　　　　　　　　　　**(b)** 鉄筋

図-3.9　コンクリートおよび鉄筋の応力-ひずみ関係

慮した係数であり，0.85とする。

鉄筋の応力-ひずみ関係は図-3.9(**b**)に示すように

$$\left.\begin{array}{ll}\sigma_s = E_s\varepsilon_s & 0 < \varepsilon_s < \varepsilon_{yd} \\ \sigma_s = f_{yd} & \varepsilon_{yd} \leq \varepsilon_s \end{array}\right\} \quad (3.33)$$

ここで，f_{yd}：鉄筋の設計引張降伏強度
　　　　E_s：鉄筋の弾性係数
　　　　σ_s：鉄筋の応力
　　　　ε_s：鉄筋のひずみ

3.4.1　一般的な方法による曲げ耐力の算定

図-3.10(**a**)に示す単鉄筋コンクリート断面の曲げ耐力を考える。断面の破壊は，仮定の③より，コンクリート圧縮縁のひずみ ε_0 が ε_{cu} に達した時に生じる。また，仮定①から，図-3.10(**b**)に示す任意点のひずみ ε_{cy} は，

$$\varepsilon_{cy} = \varepsilon_0 + \psi y$$

中立軸のひずみは，$\varepsilon_{cy} = 0$ であるから，基準点Oから中立軸までの距離 x は

$$x = -\varepsilon_0 / \psi$$

したがって，中立軸深さ x を用いると任意の位置のひずみ ε_{cy} は，

$$\varepsilon_{cy} = (1 - y/x)\varepsilon_0$$

また，$y = y_1$ のときのひずみを ε_1 とすると，

$$\varepsilon_1 = (1 - y_1/x)\varepsilon_0 \quad (3.34)$$

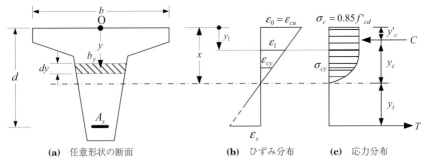

(a) 任意形状の断面 **(b)** ひずみ分布 **(c)** 応力分布

図–3.10　単鉄筋コンクリート断面

　終局時の圧縮部コンクリートのひずみおよび応力分布は，図–3.10(**b**) と (**c**) のように表される。図–3.10(**c**) の断面内に生じた応力分布形状および図–3.9(**a**) で与えられるコンクリートの応力–ひずみ関係において，中立軸と原点が対応し，そして，図–3.10(**b**) のコンクリート圧縮縁のひずみと図–3.9(**a**) の終局圧縮ひずみ ε_{cu} が対応することになる。いま，応力分布を座標 y の関数として表すと，

$$
\begin{array}{ll}
① \quad \sigma_{cy} = 0 & x \leq y \\
② \quad \sigma_{cy} = k_1 f'_{cd} \left\{ 2 \dfrac{\varepsilon_0}{\varepsilon_1} \left(1 - \dfrac{y}{x}\right) - \dfrac{\varepsilon_0^2}{\varepsilon_1^2} \left(1 - \dfrac{y}{x}\right)^2 \right\} & y_1 \leq y < x \\
③ \quad \sigma_{cy} = k_1 f'_{cd} & 0 < y < y_1
\end{array} \quad (3.35)
$$

図–3.10(**c**) のコンクリートに作用する圧縮力 C は，式(3.36) で表される。

$$
\begin{aligned}
C &= \int_0^x \sigma_{cy} b_y dy \\
&= \int_0^{y_1} k_1 f'_{cd} b_y dy + \int_{y_1}^x k_1 f'_{cd} \left\{ 2 \dfrac{\varepsilon_0}{\varepsilon_1} \left(1 - \dfrac{y}{x}\right) - \dfrac{\varepsilon_0^2}{\varepsilon_1^2} \left(1 - \dfrac{y}{x}\right)^2 \right\} b_y dy
\end{aligned} \quad (3.36)
$$

　一方，鉄筋の引張力は，$T = \sigma_s A_s$ であり，鉄筋の応力 σ_s は，弾性域内にある場合と降伏点に達している場合とに分けられる。

$$
\left. \begin{array}{ll}
\sigma_s = E_s \varepsilon_s & (\varepsilon_s < \varepsilon_{yd}) \\
\sigma_s = f_{yd} & (\varepsilon_s \geq \varepsilon_{yd})
\end{array} \right\} \quad (3.37)
$$

　水平方向力の釣合い $C = T$ から，中立軸の位置を示す x が決定される。この中立軸位置 x を用いて，圧縮力の作用位置は，上縁からの距離 y'_c で与えられる。

第3章 曲げを受ける鉄筋コンクリート部材●

$$y_c' = \frac{\int_0^x \sigma_{cy} y b_y dy}{\int_0^x \sigma_{cy} b_y dy} \qquad (3.38)$$

さらに，引張鉄筋位置におけるモーメントの釣合いから曲げ耐力 M_u が算定される。また，部材係数を γ_b とすると設計曲げ耐力 M_{ud} は，$M_{ud} = M_u/\gamma_b$ から得られる。以上の流れにしたがい，曲げ耐力を求める。

1）釣合い鉄筋比のとき

鉄筋に生じるひずみおよび応力は，鉄筋量の多少により異なる。コンクリートが圧壊すると同時に鉄筋が降伏する場合，この破壊形式を釣合い破壊そして，このときの断面を釣合い断面といい，釣合い断面における鉄筋比を釣合い鉄筋比という。ここでは，釣合い断面に関る諸量に＊印をつけて表示する。

釣合い破壊時は，図-3.10（**b**）において $\varepsilon_s = \varepsilon_{yd}$，$x = x^*$ となるので，

$$\frac{\varepsilon_{cu}'}{x^*} = \frac{\varepsilon_{yd}}{d-x^*}$$

であるから

$$x^* = \frac{\varepsilon_{cu}'}{\varepsilon_{cu}' + \varepsilon_{yd}} d \qquad (3.39)$$

この中立軸深さ x^* を式(3.36)へ代入して，コンクリートに作用する圧縮力 C が得られる。

また，引張力 T は

$$T = A_s^* f_{yd} \qquad (3.40)$$

である。

水平方向の力の釣合い式は，$C = T$ であるから，釣合い断面に対応する鉄筋の断面積 A_s^* および釣合い鉄筋比 p^* は，次式で表される。

$$A_s^* = \frac{C}{f_{yd}} \qquad (3.41)$$

$$p^* = \frac{A_s^*}{bd} \qquad (3.42)$$

したがって，圧縮力の作用位置または，引張鉄筋位置での曲げモーメントの釣合いから，曲げ耐力 M_u が得られる。

57

第1編　コンクリート構造物の力学基礎

$$M_u = C(d - y_c') = A_s^* f_{yd}(d - y_c') \tag{3.43}$$

2）　鉄筋が降伏しているとき

　一般に鉄筋コンクリート部材において，鉄筋の降伏がコンクリートの圧壊に先行する，曲げ引張破壊となるように設計する。鉄筋に作用する引張力は，鉄筋の降伏を仮定すると，

$$T = A_s f_{yd} \tag{3.44}$$

水平方向の力の釣合い $C = T$ から，中立軸の位置 x が決定される。

　したがって，曲げ耐力 M_u は，式(3.45) から得られる。

$$M_u = T(d - y_c') = A_s f_{yd}(d - y_c') \tag{3.45}$$

これまでの耐力の算定は，鉄筋が降伏している場合であり，その鉄筋のひずみ ε_s は，次式を満足している。

$$\varepsilon_s = \frac{d - x}{x}\varepsilon_{cu}' \geq \frac{f_{yd}}{E_s} \tag{3.46}$$

3）　鉄筋が弾性域にあるとき

　鉄筋が降伏しないで弾性域にあるとき，鉄筋の応力は弾性係数とひずみの積で与えられ，引張力 T は，鉄筋の断面積と応力の積から，次の式(3.47) となる。

$$T = A_s \sigma_s = A_s E_s \frac{d - x}{x}\varepsilon_{cu}' \tag{3.47}$$

圧縮力 C は式(3.36) そして引張力 T は式(3.47) で与えられるので，水平方向の力の釣合い $C = T$ から，中立軸深さ x を求めることができる。

　中立軸深さ x より，曲げ耐力 M_u は，

$$M_u = A_s E_s \frac{d - x}{x}\varepsilon_{cu}'(d - y_c') \tag{3.48}$$

　また，釣合い鉄筋比より大きくなるような，鉄筋量を多く用いた場合，脆性的なコンクリートの圧縮破壊が先行する。この脆性的な破壊を避けるために，鉄筋コンクリート曲げ部材では $p < 0.75p^*$ となるように設計する。

［単鉄筋矩形断面の曲げ耐力の算定］

　以上の一般的な断面に関する曲げ耐力算定方法を単鉄筋矩形断面に適用する。

　単鉄筋矩形断面のとき，図-3.10 において，$b_y = b$ とおき，また $y_1 = \dfrac{(\varepsilon_0 - \varepsilon_1)}{\varepsilon_0}x$

第3章　曲げを受ける鉄筋コンクリート部材●

であり，$\varepsilon_0 = \varepsilon_{cu}$ を考慮すると，コンクリートの圧縮力 C は式(3.36) より，

$$C = k_1 f'_{cd} bx \left(1 - \frac{\varepsilon_1}{3\varepsilon'_{cu}} \right) \tag{3.49}$$

鉄筋の応力 σ_s は鉄筋量により f_{yd} または，$E_s \varepsilon'_{cu} \dfrac{d-x}{x}$ となり，また，鉄筋の引張力 T は，

$$T = A_s \sigma_s \tag{3.50}$$

水平方向の力の釣合い $C = T$ より中立軸深さ x が得られる。

曲げ耐力 M_u は，

$$M_u = Cy_c + T(d-x) = T(y_c + d - x) = T(d - y'_c) \tag{3.51}$$

ただし，

$$y'_c = \frac{\displaystyle\int_0^x \sigma_{cy} b_y y\,dy}{\displaystyle\int_0^x \sigma_{cy} b_y\,dy} = \frac{\dfrac{1}{2} + \dfrac{1}{12}\left(\dfrac{\varepsilon_1}{\varepsilon'_{cu}}\right)^2 - \dfrac{\varepsilon_1}{3\varepsilon'_{cu}}}{1 - \dfrac{\varepsilon_1}{3\varepsilon'_{cu}}}\, x \tag{3.52}$$

$$y_c = x - y'_c = \frac{\dfrac{1}{2} - \dfrac{1}{12}\left(\dfrac{\varepsilon_1}{\varepsilon'_{cu}}\right)^2}{1 - \dfrac{\varepsilon_1}{3\varepsilon'_{cu}}}\, x \tag{3.53}$$

いま，中立軸深さ x が得られたとして，$k_1 = 0.85$，$\varepsilon_1 = 0.002$ および $\varepsilon_0 = \varepsilon_{cu} = 0.0035$ のとき，圧縮力 C は，式(3.49) より，

$$C = 0.85 f'_{cd} bx \left(1 - \frac{1}{3} \times \frac{0.0020}{0.0035} \right) = 0.688 f'_{cd} bx \tag{3.54}$$

圧縮力の作用位置 y'_c は，式(3.52) より，

$$y'_c = \frac{\dfrac{1}{2} + \dfrac{1}{12}\left(\dfrac{0.0020}{0.0035}\right)^2 - \dfrac{1}{3} \times \dfrac{0.0020}{0.0035}}{1 - \dfrac{1}{3} \times \dfrac{0.0020}{0.0035}}\, x = 0.416\,x \tag{3.55}$$

中立軸から圧縮力の作用位置までの距離 y_c は，式(3.53) より，

$$y_c = x - 0.416\,x = 0.584\,x \tag{3.56}$$

曲げ耐力 M_u は，式(3.51) より，
$$M_u = 0.688 f'_{cd} bx(d - 0.416 x) \tag{3.57}$$
となる。

3.4.2 等価応力ブロックによる曲げ耐力の算定
（1） 単鉄筋矩形断面の曲げ耐力

図-3.11(**c**) に示すコンクリートの応力分布から得られる圧縮力 C とその作用位置が等しければ，図-3.11(**d**) のような単純な長方形の応力分布を用いても曲げ耐力は同じ値となる。このような応力分布を等価応力ブロックという。

図-3.11(**a**) の矩形断面の場合，実用上，図-3.11(**d**) のように，応力を $0.85 f'_{cd}$，高さを $0.8x$ とする。圧縮力 C は，等価応力ブロックから
$$C = 0.85 f'_{cd} \times b \times 0.8x = 0.68 f'_{cd} bx$$
であり，また，圧縮力 C の作用位置は上縁から $0.4x$ となる。

一般に，鉄筋が降伏し曲げ引張破壊となるように配筋するが，そのときの曲げ耐力 M_u は，
$$M_u = A_s f_{yd}(d - 0.4x)$$
で与えられる。

以上の流れにしたがい，曲げ耐力を求める。

1） 釣合い鉄筋比のとき

釣合い破壊時は，図-3.11(**b**) において $\varepsilon_s = \varepsilon_{yd}$，$x = x^*$ となるので，

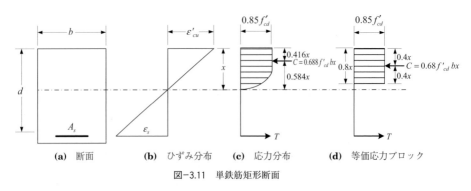

図-3.11 単鉄筋矩形断面

$$x^* = \frac{\varepsilon'_{cu}}{\varepsilon'_{cu} + \varepsilon_{yd}}\, d \tag{3.58}$$

水平方向の力の釣合い式は，$C = T$ であり

$$0.68 f'_{cd} b x^* = A_s^* f_{yd} \tag{3.59}$$

$$p^* = \frac{A_s^*}{bd} = \frac{0.68 f'_{cd}}{f_{yd}} \times \frac{x^*}{d} \tag{3.60}$$

これより，圧縮力の作用位置または，引張鉄筋位置での曲げモーメントの釣合いから，曲げ耐力 M_u は，

$$M_u = A_s^* f_{yd}(d - 0.4 x^*) = 0.68 f'_{cd} b x^* (d - 0.4 x^*) \tag{3.61}$$

2） 鉄筋が降伏しているとき

鉄筋比 p が釣合い鉄筋比 p^* より小さい場合，鉄筋は降伏している。そのとき鉄筋の応力は，$\sigma_s = f_{yd}$ であり，また，破壊は曲げ引張破壊となる。中立軸深さ x は，式(3.62) より得られる。

$$x = \frac{A_s f_{yd}}{0.68 f'_{cd} b} \tag{3.62}$$

また，曲げ耐力 M_u は，

$$M_u = A_s f_{yd}(d - 0.4 x) = 0.68 f'_{cd} b x (d - 0.4 x) \tag{3.63}$$

から得られる。

3） 鉄筋が弾性域にあるとき

鉄筋比 p が釣合い鉄筋比 p^* より大きい場合，鉄筋のひずみ ε_s は弾性域にあり，

$$\varepsilon_s = \frac{d - x}{x} \varepsilon'_{cu} < \varepsilon_{yd} \tag{3.64}$$

であるから，鉄筋に生ずる応力 $\sigma_s = E_s \varepsilon_s$ となり，引張力は，$T = A_s E_s \varepsilon_s$ で与えられる。水平方向の力の釣合 $C = T$ から中立軸の位置 x は式(3.65) の2次方程式の解より求まる。

$$0.68 f'_{cd} b x = A_s E_s \frac{d - x}{x} \varepsilon'_{cu} \tag{3.65}$$

これより，曲げ耐力 M_u は次式より，

$$M_u = A_s E_s \frac{d-x}{x} \varepsilon'_{cu}(d-0.4x) = 0.68 f'_{cd} bx(d-0.4x) \tag{3.66}$$

で求めることができる。

このとき，鉄筋が降伏する前にコンクリートが圧壊するので，曲げ圧縮破壊となる。

（2） 複鉄筋矩形断面の曲げ耐力

曲げ耐力の算定にあたり，最初に引張鉄筋および圧縮鉄筋ともに降伏していると仮定する。

図-3.12において，水平方向の力の釣合いより，

$$C_c + C_s = T \tag{3.67}$$
$$0.68 f'_{cd} bx + A'_s f'_{yd} = A_s f_{yd} \tag{3.68}$$

この釣合いより中立軸の位置 x は次式により決定する。

$$x = \frac{A_s f_{yd} - A'_s f'_{yd}}{0.68 f'_{cd} b} \tag{3.69}$$

引張鉄筋位置でのモーメントから曲げ耐力 M_u が得られる。

$$\begin{aligned} M_u &= C_c(d-0.4x) + C_s(d-d') \\ &= (A_s f_{yd} - A'_s f'_{yd})(d-0.4x) + A'_s f'_{yd}(d-d') \end{aligned} \tag{3.70}$$

ここで，上縁のコンクリートが圧壊時に，引張鉄筋が降伏している条件は，鉄

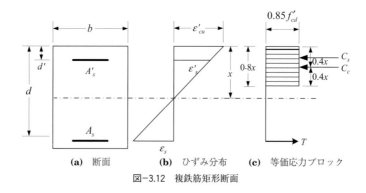

図-3.12 複鉄筋矩形断面

筋のひずみ $\varepsilon_s = \dfrac{d-x}{x}\varepsilon'_{cu}$ が鉄筋の降伏ひずみ $\varepsilon_{yd} = \dfrac{f_{yd}}{E_s}$ より大きいこと，つまり，次の式 (3.71) を満足することである。

$$x < \frac{\varepsilon'_{cu}d}{\varepsilon'_{cu}+(f_{yd}\,/\,E_s)} \tag{3.71}$$

さらに，この曲げ耐力は圧縮鉄筋の降伏を仮定して得られたものであるが，この仮定の成立には，

$$\varepsilon'_s = \frac{x-d'}{x}\varepsilon'_{cu} \geqq \frac{f'_{yd}}{E_s} \tag{3.72}$$

すなわち

$$x \geqq \frac{\varepsilon'_{cu}}{\varepsilon'_{cu}-\dfrac{f'_{yd}}{E_s}}d' \tag{3.73}$$

を満足していなくてはならない。

一方，圧縮鉄筋が降伏していないとき，圧縮鉄筋のひずみ ε'_s は，

$$\varepsilon'_s = \frac{\varepsilon'_{cu}(x-d')}{x} < \frac{f'_{yd}}{E_s} \tag{3.74}$$

であり，この ε'_s は，弾性域にあるので，圧縮鉄筋の応力 σ'_s は，

$$\sigma'_s = E_s\varepsilon'_s = E_s\frac{\varepsilon'_{cu}(x-d')}{x} \tag{3.75}$$

この σ'_s を式 (3.68) の f'_{yd} に置き換えると，

$$0.68f'_{cd}bx + A'_s E_s\frac{\varepsilon'_{cu}(x-d')}{x} = A_s f_{yd}$$
$$0.68f'_{cd}bx^2 + (A'_s E_s\varepsilon'_{cu} - A_s f_{yd})x - A'_s E_s\varepsilon'_{cu}d' = 0 \tag{3.76}$$

この 2 次方程式から，中立軸位置 x が求まる。また，式 (3.70) において，f'_{yd} に代えて σ'_s を用いることにより，M_u が求まる。

$$M_u = \left(A_s f_{yd} - A'_s E_s\frac{\varepsilon'_{cu}(x-d')}{x}\right)(d-0.4x) + A'_s E_s\frac{\varepsilon'_{cu}(x-d')}{x}(d-d') \tag{3.77}$$

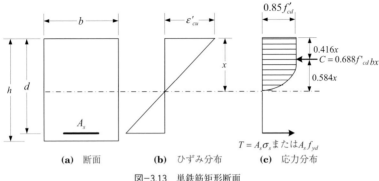

図-3.13 単鉄筋矩形断面

[例1] 図-3.13の単鉄筋矩形断面のコンクリート部材において，鉄筋量 A_s が i) 釣合い鉄筋比，ii) 4D29(SD 345)，iii) 9D35(SD 345)のときの設計曲げ耐力を求めよ。ただし，$b = 500\,\text{mm}$, $h = 750\,\text{mm}$, $d = 680\,\text{mm}$, $f'_{ck} = 24\,\text{N/mm}^2$, SD 345 であるから，$f_{yk} = 345\,\text{N/mm}^2$, $E_c = 2.5 \times 10^4\,\text{N/mm}^2$, $E_s = 2.0 \times 10^5\,\text{N/mm}^2$, $\gamma_c = 1.3$, $\gamma_s = 1.0$, $\gamma_b = 1.1$ とする。

【解】

$$f'_{cd} = \frac{f'_{ck}}{\gamma_c} = \frac{24}{1.3} = 18.5\,\text{N/mm}^2, \quad f_{yd} = \frac{f_{yk}}{\gamma_s} = \frac{345}{1.0} = 345\,\text{N/mm}^2$$

$$\varepsilon_{yd} = \frac{345}{2.0 \times 10^5} = 0.00173$$

i) 釣合い鉄筋比のときの曲げ耐力

コンクリート断面の圧縮縁が終局ひずみに達すると同時に，引張鉄筋が降伏ひずみに達したと仮定するとき，式(3.39) より

$$x^* = \frac{0.0035 \times 680}{0.0035 + 0.00173} = 455\,\text{mm}$$

圧縮力 C は，式(3.54) より

$$C = 0.688 \times 18.5 \times 500 \times 455 = 2.90 \times 10^6\,\text{N}$$

釣合い断面に対応する鉄筋量 A_s^* は，式(3.41) より

$$A_s^* = \frac{C}{f_{yd}} = \frac{2.90 \times 10^6}{345} = 8\,406 \text{ mm}^2$$

釣合い鉄筋比 p^* は，式(3.42) より

$$p^* = \frac{A_s^*}{bd} = \frac{8\,406}{500 \times 680} = 0.0247 \quad \text{であるから} \quad p^* = 2.47\%$$

圧縮力の作用位置を上縁からの距離 y_c' は，式(3.55) より

$$y_c' = 0.416 \times 455 = 189 \text{ mm}$$

引張鉄筋位置での曲げモーメントの釣合いから曲げ耐力 M_u は，式(3.43) より

$$\begin{aligned}
M_u &= A_s^* f_{yd}(d - y_c') \\
&= 8\,406 \times 345 \times (680 - 189) \\
&= 1\,424 \text{ kN·m}
\end{aligned}$$

部材係数 γ_b は，$\gamma_b = 1.1$ であるから，設計曲げ耐力 M_{ud} は，

$$M_{ud} = \frac{1\,424}{1.1} = 1\,295 \text{ kN·m}$$

ii) $A_s = 4\text{D}29 = 2570 \text{ mm}^2$ のときの曲げ耐力

鉄筋比 p は，$p = \dfrac{A_s}{bd} = \dfrac{2\,570}{500 \times 680} = 0.00756$，すなわち p は 0.756% であり，

$p < p^*$ となる。したがって，$A_s < A_s^*$ より，$T = A_s f_{yd}$

中立軸深さ x は，水平方向の釣合い $C = T$ より，式(3.50) および式(3.54) を用いて

$$x = \frac{A_s f_{yd}}{0.688\, f_{cd}'\, b} = \frac{2\,570 \times 345}{0.688 \times 18.5 \times 500} = 139 \text{ mm}$$

圧縮縁から圧縮力 C が作用している点までの距離 y_c' は，式(3.55) より

$$y_c' = 0.416 \times 139 = 57.8 \text{ mm}$$

圧縮力 C の作用位置での曲げモーメントの釣合いから曲げ耐力 M_u は，式(3.45) より

$$\begin{aligned}
M_u &= A_s f_{yd}(d - y_c') \\
&= 2\,570 \times 345 \times (680 - 57.8) \\
&= 552 \text{ kN·m}
\end{aligned}$$

第1編　コンクリート構造物の力学基礎

部材係数 $\gamma_b = 1.1$ より

$$M_{ud} = \frac{552}{1.1} = 502 \text{ kN·m}$$

iii）　$A_s = 9D35 = 8\,609\,\text{mm}^2$ のときの曲げ耐力

鉄筋比 p は

$$p = \frac{A_s}{bd} = \frac{8\,609}{500 \times 680} = 0.0253 \text{ であるから } p = 2.53\%$$

$p > p^*$ であるので，引張力 T は，式(3.47) から

$$T = 8609 \times 2.0 \times 10^5 \frac{680 - x}{x} \times 0.0035$$

で与えられる。また，圧縮力 C は式(3.54) から

$$C = 0.688 \times 18.5 \times 500 \times x$$

と得られるので，$C = T$ から，中立軸深さ x は2次方程式の解から算出される。

$$x = \frac{-947 + \sqrt{947^2 + 4 \times 643\,960}}{2} = 458 \text{ mm}$$

圧縮縁から圧縮力 C が作用している点までの距離を y_c' とすると，式(3.55) より

$$y_c' = 0.416 \times 458 = 191 \text{ mm}$$

圧縮力 C の作用位置での曲げモーメントの釣合いを考慮し，式(3.51) より

$$\begin{aligned}
M_u &= \frac{d-x}{x} E_s \varepsilon_{cu}' A_s (d - y_c') \\
&= \frac{680 - 458}{458} \times 2.0 \times 10^5 \times 0.0035 \times 8\,609 \times (680 - 191) \\
&= 1\,428 \text{ kN·m}
\end{aligned}$$

部材係数 $\gamma_b = 1.1$ より

$$M_{ud} = \frac{1\,428}{1.1} = 1\,298 \text{ kN·m}$$

[例2]　図-3.14 の単鉄筋矩形断面コンクリートの設計曲げ耐力を等価応力ブロックを用いて求めよ。ただし，断面寸法，使用材料等は3.4節例1と同じとする。

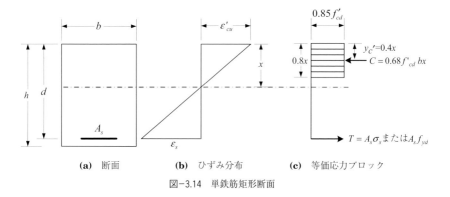

(a) 断面　　**(b)** ひずみ分布　　**(c)** 等価応力ブロック

図-3.14　単鉄筋矩形断面

【解】

$$f'_{cd} = \frac{f'_{ck}}{\gamma_c} = \frac{24}{1.3} = 18.5 \,\mathrm{N/mm^2}, \quad f_{yd} = \frac{f_{yk}}{\gamma_s} = \frac{345}{1.0} = 345 \,\mathrm{N/mm^2}$$

$$\varepsilon_{yd} = \frac{345}{2.0 \times 10^5} = 0.00173$$

ⅰ) 釣合い鉄筋比のときの曲げ耐力

コンクリート断面の圧縮縁が終局圧縮ひずみに達すると同時に，引張鉄筋が降伏ひずみに達したと仮定するとき，式(3.58) より

$$x^* = \frac{\varepsilon'_{cu} d}{\varepsilon'_{cu} + \varepsilon_{yd}} = \frac{0.0035 \times 680}{0.0035 + 0.00173} = 455 \,\mathrm{mm}$$

圧縮力 C は，

$$C = 0.68 \times 18.5 \times 500 \times 455 = 2.86 \times 10^6 \,\mathrm{N}$$

引張力 T は，式(3.59) より

$$T = A_s^* f_{yd}$$

釣合い断面に対応する鉄筋量 A_s^* は，また，式(3.59) より

$$A_s^* = \frac{C}{f_{yd}} = \frac{2.86 \times 10^6}{345} = 8\,290 \,\mathrm{mm^2}$$

釣合い鉄筋比 p^* は，式(3.60) より

$$p^* = \frac{A_s^*}{bd} = \frac{8\,290}{500 \times 680} = 0.0244, \quad \text{すなわち } p^* \text{ は } 2.44\%$$

第1編　コンクリート構造物の力学基礎

圧縮力の作用位置を上縁からの距離 y_c' で表わすと，図-3.14(c) より

$$y_c' = 0.4 \times 455 = 182\,\text{mm}$$

引張鉄筋位置での曲げモーメントの釣合いから曲げ耐力 M_u は，式（3.61）より

$$M_u = 8\,290 \times 345 \times (680 - 0.4 \times 455)$$
$$= 1\,424\ \text{kN·m}$$

部材係数 $\gamma_b = 1.1$ であるから，設計曲げ耐力 M_{ud} は，

$$M_{ud} = \frac{1\,424}{1.1} = 1\,295\ \text{kN·m}$$

ⅱ）　$A_s = 4\text{D}29 = 2\,570\,\text{mm}^2$ のときの曲げ耐力

鉄筋比 p は，$p = \dfrac{A_s}{bd} = \dfrac{2\,570}{500 \times 680} = 0.00756$ であるから $p = 0.756\%$

$p < p^*$ であるので，$T = A_s f_{yd}$

$C = T$ より

$$x = \frac{A_s f_{yd}}{0.68 f_{cd}' b} = \frac{2\,570 \times 345}{0.68 \times 18.5 \times 500} = 141\ \text{mm}$$

圧縮縁から圧縮力 C が作用している点までの距離 y_c' は，図-3.14(c) より

$$y_c' = 0.4 \times 141 = 56.4\,\text{mm}$$

圧縮力 C の作用位置での曲げモーメントの釣合いから曲げ耐力は，式（3.63）より

$$M_u = 2\,570 \times 345 \times (680 - 56.4)$$
$$= 553\ \text{kN·m}$$

設計曲げ耐力 M_{ud} は，部材係数 γ_b を考慮して，

$$M_{ud} = \frac{553}{1.1} = 503\ \text{kN·m}$$

ⅲ）　$A_s = 9\text{D}35 = 8\,609\,\text{mm}^2$ のときの曲げ耐力

鉄筋比 p は

$$p = \frac{A_s}{bd} = \frac{8\,609}{500 \times 680} = 0.0253 \quad であるから \quad p = 2.53\%$$

$p > p^*$ であり，水平方向の釣合いは式(3.65)より，

$$0.68 \times 18.5 \times 500 \times x = 8\,609 \times 2.0 \times 10^5 \times \frac{680-x}{x} \times 0.0035$$

この2次方程式より，中立軸深さ x は，

$$x = -479 + \sqrt{479^2 + 651\,440} = 460 \text{ mm}$$

圧縮縁から圧縮力 C が作用している点までの距離を y_c' とすると，図-3.14(c)より

$$y_c' = 0.4 \times 460 = 184 \text{ mm}$$

圧縮力 C の作用位置での曲げモーメントの釣合いから曲げ耐力 M_u は，式(3.66)より

$$M_u = \frac{680-460}{460} \times 2.0 \times 10^5 \times 0.0035 \times 8\,609 \times (680-184)$$
$$= 1\,430 \text{ kN·m}$$

部材係数 $\gamma_b = 1.1$ を考慮して，設計曲げ耐力は，

$$M_{ud} = \frac{1\,430}{1.1} = 1\,300 \text{ kN·m}$$

例1および例2の結果より，一般的な方法から算出した曲げ耐力と等価応力ブロックを用いて得られる曲げ耐力はほぼ等しいことが確認できる。

図-3.15に鉄筋比と設計曲げ耐力の関係を示す。

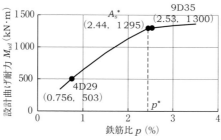

図-3.15 鉄筋比と設計曲げ耐力

第4章
曲げと軸力を受ける鉄筋コンクリート部材

4.1 概　説

　曲げと軸力を同時に受ける部材は，立体構造物をはじめとして，図-4.1(**a**)のアーチリブやラーメンにみられる。図-4.1(**b**)のような部材に曲げMと軸力Nが作用するとき，図-4.1(**c**)のように，図心から，偏心量eの位置に軸力Nが作用する場合に置き換えることができる。部材の断面図心に軸力が作用するとき，偏心量は，$e=0$であり，軸圧縮力のみが作用する柱部材として4.2節に述べる。

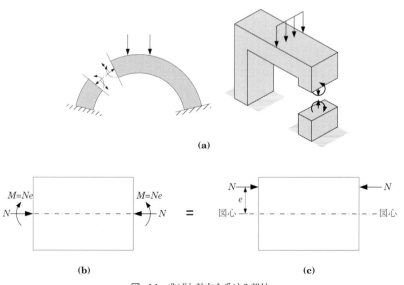

図-4.1　曲げと軸力を受ける部材

一方，図-4.1(c)において，軸力 N が図心から e だけ偏心した位置に作用するとき，軸力 N と曲げモーメント Ne が断面図心に作用することになる。軸圧縮力が小さく，ひび割れ発生前の部材に関しては，断面内の応力およびひずみが 4.3 節に示す弾性理論により算定される。とくに，偏心量 e が核心（コア）より大きく，断面によりひび割れが生じるようになると状態 II を仮定し，4.4 節に示す鉄筋コンクリートの弾性理論が適用される。

4.5 節では，曲げと軸力を受ける長方形断面を対象として，その終局耐力について述べる。

4.2　柱　部　材

主として中心軸圧縮力を受ける部材が柱であり，一般に用いられる鉄筋コンクリート柱には，図-4.3のように帯鉄筋柱とらせん鉄筋柱がある。その他に合成柱として，形鋼などの鉄骨を鉄筋と併用した鉄骨鉄筋コンクリート（SRC）柱や，鋼管柱の中にコンクリートを充填したコンクリート充填鋼管柱などがあるが，ここでは鉄筋コンクリート柱を対象とする。

また，一般に柱は短柱と長柱に大別され，それらは，有効長さ l_e と回転半径 $r=\sqrt{I/A}$ （I は断面2次モーメント，A は断面積）の比である細長比 λ （$=l_e/r$）によって判別される。有効長さは，図-4.2のように柱の両端が横方向に支持されている場合軸線の長さ l とし，例えば一端固定で他端自由である場合軸線 l の長さの2倍とする。鉄筋コンクリート柱の設計では，細長比が35以下のものを短柱とし，35を超えるものを長柱と考えてよい。短柱は軸圧縮力により座屈

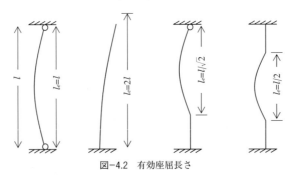

図-4.2　有効座屈長さ

を起こさず，コンクリートの圧壊により破壊する柱である。また，長柱は軸圧縮力の作用により横方向変位が大きくなる，つまり座屈を生じる部材である。これ以降は，短柱について説明を行う。

4.2.1 柱部材における力と変形
(1) 鉄筋コンクリート柱の基本

鉄筋コンクリート柱は，図-4.3に示すようにコンクリート，軸方向鉄筋および帯鉄筋またはらせん鉄筋の横方向鉄筋から構成されている。その内，軸圧縮力に直接抵抗するのはコンクリートとそれを補強する軸方向鉄筋であり，横方向鉄筋は 4.2.1(2)項で後述するように軸方向鉄筋の座屈を防ぐなどの役割がある。

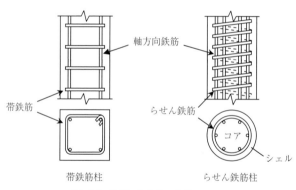

図-4.3　鉄筋コンクリート柱

軸方向鉄筋が座屈を生じないという前提で考えると，コンクリートと軸方向鉄筋に作用する中心軸圧縮力は式(4.1)に示すようにそれぞれの材料に生じる応力にその断面積を乗じた値の和として表される。

$$N = A_c \sigma_c + A_s \sigma_s \tag{4.1}$$

ここに，A_c：コンクリートの断面積
　　　　A_s：軸方向筋の断面積
　　　　σ_c：コンクリートに生じる応力
　　　　σ_s：鉄筋に生じる応力

コンクリートと鉄筋は弾性範囲を超えても一体となって挙動するので，式(4.1)

の関係は保たれ，軸圧縮力は図-4.4に示すようにコンクリートが受け持つ圧縮力と鉄筋が受け持つ圧縮力の重ね合わせで表される。しかし，高強度の鉄筋を用いると，鉄筋が降伏する前にコンクリートの圧縮応力が最大となる場合があり，このときはコンクリートが受け持つ圧縮力と鉄筋が受け持つ圧縮力の重ね合わせは成り立たない。

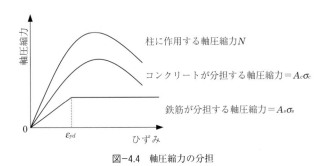

図-4.4 軸圧縮力の分担

（2） 横方向鉄筋の役割

前項では，鉄筋コンクリート柱において軸圧縮力に直接抵抗するのはコンクリートと軸方向鉄筋であると説明したが，実際にはこれだけでは不十分である。コンクリートと軸方向鉄筋のみでは，コンクリートがはらみ出すとともに割裂ひび割れが生じ，軸方向鉄筋の座屈が生じるといった問題がある。したがって，柱にねばり強さ，つまり靭性を持たせるために横方向鉄筋が必要となる。横方向鉄筋には図-4.3に示すような帯鉄筋とらせん鉄筋があり，それらを適切な間隔で配置することによって軸方向鉄筋の座屈等を防ぐことができる。

また，らせん鉄筋を用いることによって，軸方向鉄筋の座屈防止だけでなく，かぶりコンクリートのはく落後においても荷重は低下しない。これは，軸圧縮力によりらせん鉄筋で囲まれたコアコンクリートがポアソン効果により横方向応力が発生し，この応力をらせん鉄筋が拘束するためである。図-4.5に示すように，らせん鉄筋を用いることにより，鉄筋コンクリート柱は，大きな変形能を持ち，その靭性が大幅に向上し，コアコンクリートの見かけの強度が圧縮強度試験によって得られる値の数倍となり鉄筋コンクリート柱の耐力の増加を期待できる。

以上のような効果を期待するには，横方向鉄筋を適切な間隔で配置する必要が

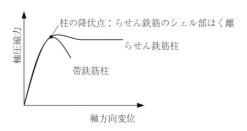

図-4.5 鉄筋コンクリート柱の軸方向変位

ある。土木学会コンクリート標準示方書では横方向鉄筋の間隔は構造細目として定められている。横方向鉄筋をこれより大きな間隔で配置した場合，隣接する横方向鉄筋間のコンクリートが早い段階で横方向に膨れ上がり鉄筋コンクリート柱として十分な靱性を得ることができないのである。

4.2.2 柱部材の耐力
(1) 帯鉄筋柱

帯鉄筋柱の耐力は，コンクリートと軸方向鉄筋の断面積にそれらの強度を乗じたものの和として表される。つまり，式(4.1)の応力を強度に置き換えればよい。これは，帯鉄筋柱の設計においては，帯鉄筋によるコアコンクリートの強度増加を考慮しないことを意味している。構造細目では帯鉄筋の最大間隔が定められており，これは柱の靱性を保証するものであって必ずしもコアコンクリートの強度増加を期待するものではない。このように，帯鉄筋柱における横補強筋の主な目的は柱の靱性の向上であり，コアコンクリートの見かけの強度増加は耐力の算定式に含まれない。土木学会コンクリート標準示方書では，軸方向圧縮耐力の上限値 N_{oud} は前述の考え方に安全率を加味して式(4.2)で表される。

$$N_{oud} = (0.85 f'_{cd} A_c + f'_{yd} A_{st})/\gamma_b \tag{4.2}$$

ここに，A_c：コンクリートの断面積
A_{st}：軸方向鉄筋の全断面積
f'_{cd}：コンクリートの設計圧縮強度
f'_{yd}：軸方向鉄筋の設計圧縮降伏強度
γ_b：部材係数で，一般に1.3としてよい

（2） らせん鉄筋柱

らせん鉄筋柱の耐力も，コンクリートと軸方向鉄筋による軸力の負担が基本であるが，これにらせん鉄筋によるコアコンクリートの拘束効果が加わる。

ここで，らせん鉄筋の拘束による強度増加について考えてみよう。まず，図-4.6（a）に示すようにピッチ s の分だけ取り出してみる。コアコンクリートに生じる横方向応力 σ_2 の合力とらせん鉄筋による拘束力が釣り合っていると考えると式（4.3）が成り立つ。

$$\sigma_2 s d_{sp} = 2A_{sp}\sigma_{sp} \tag{4.3}$$

ここに，d_{sp}：コアコンクリートの直径
　　　　A_{sp}：らせん鉄筋の断面積
　　　　σ_{sp}：らせん鉄筋の応力

つぎに，図-4.6（b）に示すようにらせん鉄筋を鋼製の円筒に置き換えて考える。軸方向圧縮力によりコアコンクリートはポアソン変形を生じ，それを円筒が一様に拘束する応力状態を仮定すると，横方向応力は式（4.4）のように表すことができる。

$$\sigma_2 = -\nu\sigma_1 = \nu\frac{N}{A_e} = \frac{4\nu N}{\pi d_{sp}^2} \tag{4.4}$$

ここに，σ_2：コアコンクリートの横拘束応力
　　　　ν：ポアソン比

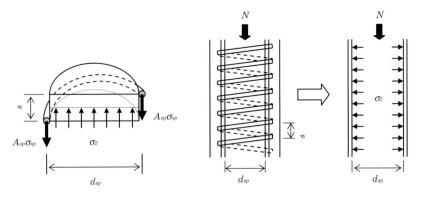

(a) 断面内の力の釣合　　　　**(b)** らせん鉄筋のモデル化

図-4.6　らせん鉄筋によるコアコンクリートの拘束

第４章　曲げと軸力を受ける鉄筋コンクリート部材●

σ_1：コンクリート軸方向圧縮応力

N：軸方向圧縮力

$A_e = \dfrac{\pi}{4} d_{sp}^2$：コアコンクリートの断面積

式(4.3) と式(4.4) より，σ_2 を消去すると式(4.5) となる。

$$N = \frac{A_{sp} \pi d_{sp}}{2 v s} \sigma_{sp} \tag{4.5}$$

らせん鉄筋の換算断面積 A_{spe} が，らせん鉄筋を薄肉の円筒に換算した断面積として式(4.6) のように表す。

$$A_{spe} = \frac{A_{sp} \pi d_{sp}}{s} \tag{4.6}$$

式(4.6) を式(4.5) に代入すると，軸方向力 N は式(4.7) のように表すことができる。

$$N = \frac{A_{spe}}{2v} \sigma_{sp} \tag{4.7}$$

式(4.7) において，コアコンクリートのポアソン比を $v = 0.2$ と仮定すると

$$N = 2.5 A_{spe} \sigma_{sp}$$

となる。

よって，らせん鉄筋の拘束によるコアコンクリートの見かけの強度増加を考慮した柱の耐力は式(4.8) で表される。

$$N_{oud} = (0.85 f'_{cd} A_e + f'_{yd} A_{st} + 2.5 f_{pyd} A_{spe}) / \gamma_b \tag{4.8}$$

ここに，A_e：らせん鉄筋で囲まれたコンクリートの断面積

A_{spe}：らせん鉄筋の換算断面積 （$= \pi d_{sp} A_{sp} / s$）

A_{st}：軸方向鉄筋の断面積

d_{sp}：らせん鉄筋で囲まれた断面の直径

A_{sp}：らせん鉄筋の断面積

s：らせん鉄筋のピッチ

f'_{yd}：軸方向鉄筋の設計圧縮降伏強度

f_{pyd}：らせん鉄筋の設計引張降伏強度

γ_b：部材係数

4.2.3 柱部材についての構造細目

帯鉄筋柱とらせん鉄筋柱についての構造細目は以下のように定められている。

（1） 帯鉄筋柱についての構造細目
　① 柱の最小横寸法は，200 mm 以上とすること。
　② 軸方向鉄筋の直径は 13 mm 以上，その数は 4 本以上，その断面積は計算上必要なコンクリート断面積の 0.8％以上，かつ 6％以下とすること。
　③ 帯鉄筋およびフープ鉄筋の直径は 6 mm 以上，その間隔は柱の最小横寸法以下，軸方向鉄筋の直径の 12 倍以下，かつ帯鉄筋の直径の 48 倍以下とすること（図-4.7）。

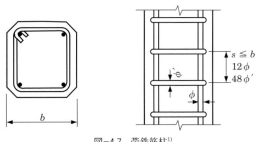

図-4.7　帯鉄筋柱[1]

（2） らせん鉄筋柱についての構造細目
　① らせん鉄筋柱に用いるコンクリートの設計基準強度は 20 N/mm² 以上とすること。
　② 有効断面の直径 d_{sp} は 200 mm 以上とすること（図-4.8）。
　③ 軸方向鉄筋の直径は 13 mm 以上，その数は 6 本以上，その断面積は柱の有効断面積の 1％以上で 6％以下，かつ，らせん鉄筋の換算断面積の 1/3 以上とすること。らせん鉄筋の換算断面積の算定については 4.2.2(2)項に示している。
　④ らせん鉄筋の直径は 6 mm 以上，そのピッチ s は，柱の有効断面の直径 d_{sp} の 1/5 以下，かつ 80 mm 以下とすること。また，らせん鉄筋の換算断面積は柱の有効断面積の 3％以下とすること（図-4.8）。

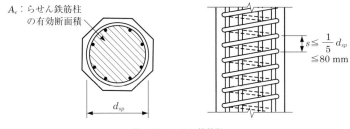

図-4.8　らせん鉄筋柱

4.3　曲げと軸力を受ける鉄筋コンクリート部材の弾性挙動

　曲げモーメントおよび軸力を受ける鉄筋コンクリート部材，プレストレストコンクリート部材または合成部材の断面において，ひび割れが生ずる前の状態Ⅰにおける応力，ひずみそして曲率の計算を行う。対象とする断面は一軸対称であり，プレストレスや他の荷重によって生ずる曲げモーメントと軸力を受けるものとする。断面の応力計算においては，コンクリートと鋼材間の付着は完全であると仮定し，また平面が成り立つものとする。なお，用いる記号と符号は次のとおりとする。

① 　軸力 N は，引張を正，ひずみ ε および応力 σ も引張を正とする。
② 　曲げモーメント M は，下縁が引張のとき正であり，対応する曲率 ψ も正とする。
③ 　y は，基準点Oから任意の距離であり，基準点Oから下方を正とする。

　図-4.9(**a**)は，一般の鉄筋コンクリート部材はじめ，プレキャスト桁と場所打ちコンクリート床版からなる合成桁を想定した合成部材のモデル図でもある。このような合成部材の断面に曲げモーメント M と軸力 N が作用するときの応力解析において，実際の断面を「換算断面」に置き換える。コンクリート構造物においては，一般に基準弾性係数 E_0 としてコンクリートの弾性係数 E_c を用いる。

　曲げモーメント M と軸力 N が断面に作用するとき，平面保持を仮定すると，ひずみ分布は直線となる。基準点Oにおけるひずみを ε_0 とし，曲率を ψ とするとき，距離 y におけるひずみ ε_y は

$$\varepsilon_y = \varepsilon_0 + \psi y \tag{4.9}$$

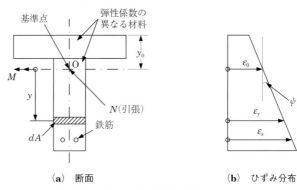

(a) 断面　　(b) ひずみ分布

図-4.9　合成部材の断面

この距離 y が断面 i にあるとき，ひずみに対応する応力 σ は，フックの法則より

$$\sigma = E_i(\varepsilon_0 + \psi y) \tag{4.10}$$

基準点Oに関する軸力および曲げモーメントは，次の式で表される。

$$N = \int \sigma dA \tag{4.11}$$

$$M = \int \sigma y dA \tag{4.12}$$

断面全体に関する積分を行い，軸力 M と曲げモーメント M を求める。つまり，式(4.10) を式(4.11)，(4.12) に代入すると，N と M は

$$N = \varepsilon_0 \sum_{i=1}^{m} E_i \int dA + \psi \sum_{i=1}^{m} E_i \int y dA \tag{4.13}$$

$$M = \varepsilon_0 \sum_{i=1}^{m} E_i \int y dA + \psi \sum_{i=1}^{m} E_i \int y^2 dA \tag{4.14}$$

式(4.13) と (4.14) における総和は，$i = 1$ から m までであり，m は全断面を構成する各断面の総数である。

断面 i の断面積を A_i，基準点Oに関する断面1次モーメント B_i および断面2次モーメント I_i とすると，全断面に対する換算断面積 A，換算断面1次モーメント B および換算断面2次モーメント I は

右上: 第４章　曲げと軸力を受ける鉄筋コンクリート部材●

$$A = \sum_{i=1}^{m} \left(\frac{E_i}{E_c} A_i \right) \tag{4.15}$$

$$B = \sum_{i=1}^{m} \left(\frac{E_i}{E_c} B_i \right) \tag{4.16}$$

$$I = \sum_{i=1}^{m} \left(\frac{E_i}{E_c} I_i \right) \tag{4.17}$$

ここで，1つの鉄筋層は，1つの断面としてみなすことになる。

これらの式(4.15)，(4.16) および (4.17) を用いて，式(4.13) と式(4.14) を書き換えると

$$N = E_c (A\varepsilon_0 + B\psi) \tag{4.18}$$

$$M = E_c (B\varepsilon_0 + I\psi) \tag{4.19}$$

さらに，式(4.18) と式(4.19) をマトリックス表示すると

$$\left\{ \begin{matrix} N \\ M \end{matrix} \right\} = E_c \begin{bmatrix} A & B \\ B & I \end{bmatrix} \left\{ \begin{matrix} \varepsilon_0 \\ \psi \end{matrix} \right\} \tag{4.20}$$

また N と M が既知のとき，軸ひずみ ε_0 と曲率 ψ は

$$\left\{ \begin{matrix} \varepsilon_0 \\ \psi \end{matrix} \right\} = \frac{1}{E_c} \begin{bmatrix} A & B \\ B & I \end{bmatrix}^{-1} \left\{ \begin{matrix} N \\ M \end{matrix} \right\} \tag{4.21}$$

上式の 2×2 の行列の逆行列は

$$\begin{bmatrix} A & B \\ B & I \end{bmatrix}^{-1} = \frac{1}{(AI - B^2)} \begin{bmatrix} I & -B \\ -B & A \end{bmatrix} \tag{4.22}$$

式(4.22) を式(4.21) へ代入することにより，基準点 O における軸ひずみ ε_0 と曲率 ψ を得る。

$$\left. \begin{aligned} \varepsilon_0 &= \frac{IN - BM}{E_c (AI - B^2)} = \frac{\dfrac{I}{B} N - M}{E_c \left(\dfrac{AI}{B} - B \right)} \\[3em] \psi &= \frac{-BN + AM}{E_c (AI - B^2)} = \frac{-\dfrac{B}{A} N + M}{E_c \left(I - \dfrac{B^2}{A} \right)} \end{aligned} \right\} \tag{4.23}$$

中立軸の位置は，式(4.10)において応力をゼロとして次式から得られる。

$$y_0 = -\frac{\varepsilon_0}{\psi} \tag{4.24}$$

基準点 O を合成断面の図心にとるとき，$B = 0$ となり，式(4.23)は次のように簡単な式となる。

$$\begin{Bmatrix} \varepsilon_0 \\ \psi \end{Bmatrix} = \frac{1}{E_c} \begin{bmatrix} N/A \\ M/I \end{bmatrix} \tag{4.25}$$

プレストレストコンクリート部材の応力解析は，次のように考える。図-4.10において基準点 O から y_{pi} の位置に i 層目の PC 鋼材があり，初期引張力 P_i で緊張し，定着されているとする。このプレストレス力 P_i，軸力 N_0 および曲げモーメント M_0 を基準点 O に作用する等価軸力 N_{eq} および等価曲げモーメント M_{eq} で表すと，

$$\begin{Bmatrix} N_{eq} \\ M_{eq} \end{Bmatrix} = \begin{Bmatrix} N_0 - \sum P_i \\ M_0 - \sum P_i y_{pi} \end{Bmatrix} \tag{4.26}$$

これらの N_{eq} と M_{eq} を式(4.21)から式(4.25)までの N と M とに置き換えて用いると，プレストレッシングを考慮した断面の応力およびひずみを得ることができる。

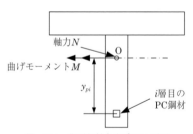

図-4.10　曲げと軸力を受ける断面

[例1]　図-4.11 の T 形断面において，鉄筋位置に軸圧縮力 100 kN，曲げモーメント 20 kN·m が同時に作用する。このときのひずみと応力を求めよ。ただし，$b = 500$ mm，$h = 600$ mm，$t = 100$ mm，$b_0 = 100$ mm，$A_s = 507$ mm^2 (D25)，$E_c = 2.5 \times 10^4$ N/mm^2，$E_s = 2.0 \times 10^5$ N/mm^2，$n = E_s/E_c = 8$ とする。

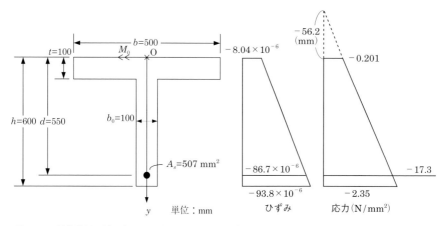

図-4.11 鉄筋位置に軸圧力および曲げモーメントを受ける鉄筋コンクリートT形断面（ひび割れ前）

【解】

基準点Oを断面の上縁に選ぶ。

この基準点Oにおける等価軸力N_{eq}と等価曲げモーメントM_{eq}は，式(4.26)より，

$$\begin{Bmatrix} N_{eq} \\ M_{eq} \end{Bmatrix} = \begin{Bmatrix} -100 \times 10^3 \\ 20 \times 10^6 - 100 \times 10^3 \times 550 \end{Bmatrix} = \begin{Bmatrix} -100 \times 10^3 \text{ N} \\ -35 \times 10^6 \text{ N·mm} \end{Bmatrix}$$

また，断面諸量は式(4.15)，(4.16)および(4.17)より

$$A = b_0 h + (b-b_0)t + nA_s = 100 \times 600 + (500-100) \times 100 + 8 \times 507$$
$$= 1.04 \times 10^5 \text{ mm}^2$$

$$B = \frac{1}{2}b_0 h^2 + \frac{1}{2}(b-b_0)t^2 + nA_s d = \frac{1}{2} \times 100 \times 600^2 + \frac{1}{2}(500-100) \times 100^2$$
$$+ 8 \times 507 \times 550 = 2.22 \times 10^7 \text{ mm}^3$$

$$I = \frac{1}{3}b_0 h^3 + \frac{1}{3}(b-b_0)t^3 + nA_s d^2 = \frac{1}{3} \times 100 \times 600^3 + \frac{1}{3}(500-100) \times 100^3$$
$$+ 8 \times 507 \times 550^2 = 8.56 \times 10^9 \text{ mm}^4$$

これより，

第1編　コンクリート構造物の力学基礎

$$\frac{AI}{B}-B=\frac{104\times10^{5}\times8.56\times10^{9}}{2.22\times10^{7}}-2.22\times10^{7}=1.79\times10^{7}\ \mathrm{mm}^{3}$$

$$I-\frac{B^{2}}{A}=8.56\times10^{9}-\frac{(2.22\times10^{7})^{2}}{1.04\times10^{5}}=3.82\times10^{9}\ \mathrm{mm}^{4}$$

$$\frac{I}{B}=\frac{8.56\times10^{9}}{2.22\times10^{7}}=386\ \mathrm{mm}$$

$$\frac{B}{A}=\frac{2.22\times10^{7}}{1.04\times10^{5}}=213\ \mathrm{mm}$$

軸ひずみ ε_0 および曲率 ψ は，式(4.23) より，

$$\varepsilon_0=\frac{386\times(-100\times10^{3})-(-35\times10^{6})}{2.5\times10^{4}\times1.79\times10^{7}}=\frac{-3.6}{44.75\times10^{4}}=-8.04\times10^{-6}$$

$$\psi=\frac{-213\times(-100\times10^{3})+(-35\times10^{6})}{2.5\times10^{4}\times3.82\times10^{9}}=\frac{-13.7}{9.55\times10^{7}}$$
$$=-0.143\times10^{-6}\ /\mathrm{mm}$$

中立軸の位置は，

$$y_0=-\frac{\varepsilon_0}{\psi}=-\frac{-8.04\times10^{-6}}{-0.143\times10^{-6}}=-56.2\ \mathrm{mm}$$

断面の上縁の応力 σ_{top} および下縁の応力 σ_{bot} は，

$$\sigma_{top}=2.5\times10^{4}(-8.04\times10^{-6}-0.143\times10^{-6}\times0)=-0.201\ \mathrm{N/mm}^{2}$$

$$\sigma_{bot}=2.5\times10^{4}(-8.04\times10^{-6}-0.143\times10^{-6}\times600)=-2.35\ \mathrm{N/mm}^{2}$$

鉄筋の応力は

$$\sigma_{s}=2.0\times10^{5}(-8.04\times10^{-6}-0.143\times10^{-6}\times550)=-17.3\ \mathrm{N/mm}^{2}$$

4.4　曲げと軸力を受ける鉄筋コンクリート部材の弾性理論

（1）　偏心軸圧縮力が部材断面のコア内に作用する場合

　図−4.12 に示す鉄筋コンクリート部材断面において全断面有効であり，換算断面の図心を基準点 O とし，この基準点 O に曲げモーメント M と軸圧縮力 N が作用する場合を考える。この応力状態は図心から $e=M/N$ だけ偏心した位置に軸圧縮力 N が作用するときに置き換えることができる。

84

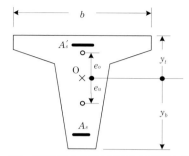

図-4.12 曲げと軸力を受ける断面（全断面有効）

このとき断面に生じる軸ひずみ ε_0 と曲率 ψ は，換算断面積 A と換算断面2次モーメント I を用いて式(4.25)から

$$\varepsilon_0 = \frac{N}{E_c A}$$

$$\psi = \frac{Ne}{E_c I}$$

が得られる。これより，任意点の応力 σ_{cy} は，

$$\sigma_{cy} = E_c(\varepsilon_0 + \psi y) = \frac{N}{A}\left(1 + \frac{e}{I/A}y\right)$$

で与えられる。

軸圧縮力 N が図心に作用するときは，$e = 0$ であり，全断面に一定の圧縮応力のみが生じる。この軸圧縮力 N の作用点が点 O より上方に e だけ偏心すると正の曲げモーメント Ne が同時に作用することになる。この偏心量 e が増大すると，やがて，断面の下縁側に引張応力が生じる。この限界の偏心量 e_0 が上核心（コア）であり，式(4.27)で表される。

$$e_0 = \frac{I}{Ay_b} \tag{4.27}$$

同様に，軸圧縮力 N が下方に偏心するとき，断面の上縁側に引張応力が生じる限界の偏心量 e_u が下核心（コア）であり，式(4.28)で表される。

$$e_u = \frac{I}{Ay_t} \tag{4.28}$$

したがって，軸圧縮力 N が図心を含む，コア内にあるときは断面内に引張応力は生じない。

（2） 偏心軸圧縮力が部材断面のコア外に作用する場合

偏心軸圧縮力が部材断面のコア外に作用すると断面に引張応力が生じ，さらに偏心が大きくなると，断面にひび割れが生じる。ひび割れが発生した場合，状態 II を仮定し，応力計算を行うが，このとき，3.3 節の曲げモーメントのみが作用する場合と同様に 3 つの仮定を設ける。

一般に構造解析において，部材の断面力は図心に関して得られるので，本節では図-4.13（a）のように基準点 O を図心にとる。

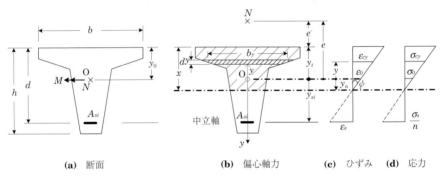

(a) 断面　　　　**(b)** 偏心軸力　　　　**(c)** ひずみ　　**(d)** 応力

図-4.13　曲げと軸力を受ける鉄筋コンクリート部材

平面保持の仮定より任意の点のひずみ ε_{cy} は，次式で表される。

$$\varepsilon_{cy} = \varepsilon_0 + \psi y \tag{4.29}$$

中立軸のひずみは，$\varepsilon_{cy} = 0$ であるから，基準点 O から中立軸までの距離 y_n は

$$y_n = -\frac{\varepsilon_0}{\psi} \tag{4.30}$$

したがって，y_n を用いると任意の位置のひずみは

$$\varepsilon_{cy} = \left(1 - \frac{y}{y_n}\right)\varepsilon_0 \tag{4.31}$$

フックの法則とコンクリート引張応力の無視の仮定から，任意点のコンクリートの応力および鉄筋の応力は

$$\sigma_{cy} = \begin{cases} E_c\left(1 - \dfrac{y}{y_n}\right)\varepsilon_0 & (y < y_n) \\ 0 & (y \geq y_n) \end{cases} \tag{4.32}$$

$$\sigma_{si} = E_s\varepsilon_{si} = E_s\left(1 - \frac{y_{si}}{y_n}\right)\varepsilon_0 \tag{4.33}$$

軸力および曲げモーメントの釣合いは，図−4.13(**b**) および図−4.13(**d**) から

$$N = \int\sigma dA\,; \quad N = \int\sigma_{cy}dA_c + \sum\sigma_{si}A_{si}$$
$$M = \int\sigma ydA\,; \quad M = \int\sigma_{cy}ydA_c + \sum\sigma_{si}A_{si}y_{si} \tag{4.34}$$

式(4.32) および式(4.33) を式(4.34) に代入して

$$N = \int_{y_t}^{y_n}E_c\left(1 - \frac{y}{y_n}\right)\varepsilon_0 b_y dy + E_s\Sigma A_{si}\left(1 - \frac{y_{si}}{y_n}\right)\varepsilon_0$$
$$M = \int_{y_t}^{y_n}E_c\left(1 - \frac{y}{y_n}\right)\varepsilon_0 b_y y dy + E_s\Sigma A_{si}y_{si}\left(1 - \frac{y_{si}}{y_n}\right)\varepsilon_0 \tag{4.35}$$

図−4.13(**a**) のように，M および N が断面上縁から y_0 の図心位置に作用するとき，これらの M と N は，図−4.13(**b**) のように軸力 N が基準点 O から距離 e だけ偏心した位置に作用する場合に相当し，偏心距離 e は次式で表される。

$$e = M / N \tag{4.36}$$

式(4.35) を式(4.36) に代入すると

$$\frac{\int_{y_t}^{y_n}y(y_n - y)b_y dy + n\Sigma A_{si}y_{si}(y_n - y_{si})}{\int_{y_t}^{y_n}(y_n - y)b_y dy + n\Sigma A_{si}(y_n - y_{si})} - e = 0 \tag{4.37}$$

したがって，曲げモーメントおよび軸圧縮力が作用する場合は，式(4.37) の方程式の解が中立軸深さ x を与える。ここで，式(4.37) において図−4.13 から得られる $x = y_n - y_t$，$y_{si} = d + y_t$ および $e' = y_t - e$ を用いる。

中立軸深さ x が決まると，基準点 O における軸ひずみ ε_0 は，式(4.35) より得られる。

基準点 O から中立軸までの距離 y_n と基準点の軸ひずみ ε_0 から曲率 ψ は，$\psi = -\varepsilon_0/y_n$ であり，コンクリートの応力度 σ_{cy} および鉄筋の σ_s は次式から求めることができる。

$$\sigma_{cy} = E_c \varepsilon_y = E_c(\varepsilon_0 + \psi y) \tag{4.38}$$

$$\sigma_s = E_s \varepsilon_{si} = E_s(\varepsilon_0 + \psi y_{si}) \tag{4.39}$$

単鉄筋矩形断面の場合，$b_y = b$ とおくと

$$x^3 + 3e'x^2 + \frac{6nA_s(d+e')}{b}x - \frac{6nA_s}{b}(d+e')d = 0 \tag{4.40}$$

の3次方程式となり，その解が中立軸深さ x を与える。

軸ひずみ ε_0 は，式(4.35)より，

$$\varepsilon_0 = \frac{Ny_n}{E_c b \left\{ \dfrac{x^2}{2} - \dfrac{nA_s}{b}(d-x) \right\}} \tag{4.41}$$

また，$y_n = x - y_0$ が与えられるので，$\psi = -\varepsilon_0/y_n$ より，$\psi = -\varepsilon_0/(x - y_0)$ が得られ，これらの軸ひずみ ε_0 と曲率 ψ より任意の点のひずみと応力が得られる。

[例1] 図-4.14に示す単鉄筋矩形断面において，$b = 500\,\mathrm{mm}$，$h = 750\,\mathrm{mm}$，$d = 680\,\mathrm{mm}$，$A_s = 2570\,\mathrm{mm}^2$，$E_c = 2.5 \times 10^4\,\mathrm{N/mm}^2$，$E_s = 2.0 \times 10^5\,\mathrm{N/mm}^2$，$n = E_s/E_c = 8$ とする。この断面に軸圧縮力 $N = -600\,\mathrm{kN}$，$M = 350\,\mathrm{kN \cdot m}$ を受けるとき，中立軸深さ，コンクリート上縁の応力および鉄筋の応力を求めよ。

【解】

図-4.14のように，基準点Oを換算断面の図心にとる。図心軸は，断面上縁か

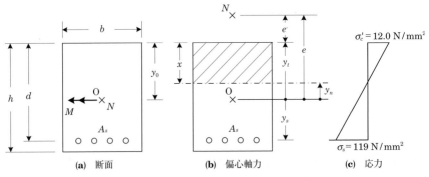

図-4.14　単鉄筋矩形断面に曲げと軸力が作用する場合

ら y_0 の位置にあり，

$$y_0 = \frac{\dfrac{bh^2}{2} + nA_s d}{bh + nA_s} = \frac{\dfrac{500 \times 750^2}{2} + 8 \times 2\,570 \times 680}{500 \times 750 + 8 \times 2\,570} = 391\,\text{mm}$$

$$e = \frac{M}{N} = \frac{350 \times 10^6\,\text{N·mm}}{-600 \times 10^3\,\text{N}} = -583\,\text{mm}$$

距離 y は下方に正をとるので y_t および e は中立軸から上方への距離であるから負となり，また，コンクリート断面上縁から偏心軸圧縮力の作用点までの距離 e' は，

$$e' = y_t - e = -391 - (-583) = 192\,\text{mm}$$

単鉄筋矩形断面であるので，式(4.40) から

$$x^3 + 3 \times 192\,x^2 + \frac{6 \times 8 \times 2\,570}{500}(680 + 192)\,x - \frac{6 \times 8 \times 2\,570}{500}(680 + 192) \times 680 = 0$$

この 3 次方程式を解くと，$x = 303\,\text{mm}$ が得られる。これより，

$$y_n = x + y_t = 303 - 391 = -88\,\text{mm}, \quad y_s = d + y_t = 680 - 391 = 289\,\text{mm}$$

また，式(4.41) より，

$$\varepsilon_0 = \frac{-600 \times 10^3 \times (-88)}{2.5 \times 10^4 \times 500\left\{\dfrac{303^2}{2} - \dfrac{8 \times 2\,570}{500}(680 - 303)\right\}} = 139 \times 10^{-6}$$

$$\psi = -\frac{\varepsilon_0}{y_n} = -\frac{139 \times 10^{-6}}{-88} = 1.58 \times 10^{-6}\,/\text{mm}$$

以上の結果より，コンクリート上縁の応力は，式(4.38) より

$$\sigma_c = E_c(\varepsilon_0 + \psi y_t) = 2.5 \times 10^4 \left\{139 + 1.58 \times (-391)\right\} \times 10^{-6} = -12.0\,\text{N}/\text{mm}^2$$

よって，$\sigma'_c = 12.0\,\text{N}/\text{mm}^2$

鉄筋の応力は，式(4.39) より

$$\sigma_s = E_s(\varepsilon_0 + \psi y_s) = 2.0 \times 10^5(139 + 1.58 \times 289) \times 10^{-6} = 119\,\text{N}/\text{mm}^2$$

4.5 曲げと軸力を受ける鉄筋コンクリート部材の設計断面耐力と相互作用図

曲げと軸力が同時に作用するとき，図-4.15のように縦軸に軸力そして横軸に軸力と図心からの偏心量 e との積である曲げモーメントをとり，両者間の相互関係を表すことができる。曲げと軸力に関する断面耐力は，曲線 $ADBC$ 上の (M_u, N_u) のように表される。点 A は，偏心量 $e=0$ の軸圧縮力のみが作用するときの断面の軸方向圧縮耐力を示している。図心に軸圧縮力のみが作用するときの部材の耐力は，4.2節ですでに記した。点 C は，偏心量 $e=\infty$ の曲げモーメントのみが作用するときの断面の曲げ耐力を示している。コンクリート断面に曲げのみが作用するときの曲げ耐力に関しては3.4節で示した。また，点 B は，圧縮縁コンクリートのひずみが終局圧縮ひずみ ε_{cu} に達すると同時に引張鉄筋が降伏する，釣合い破壊を示しており，このときの偏心量が釣合い偏心量 e_b である。区間 AB は，偏心量 e が釣合い偏心量 e_b より小さいときに対応し，この区間を圧縮破壊域と呼び，引張鉄筋が降伏する前にコンクリートの圧壊が生じる。一方，区間 BC は，偏心量 e が釣合い偏心量 e_b より大きく，この区間は引張破壊域であり，引張鉄筋が降伏した後に，コンクリートの圧壊が生じる。曲線 $A'D'B'C'$ は，設計断面耐力を表し，断面耐力を示す曲線 $ADBC$ を部材係数 γ_b で除して得られるものである。断面破壊の限界状態に対する部材係数 γ_b は1.1〜1.3である。点 A

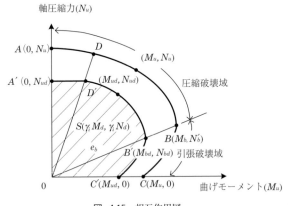

図-4.15 相互作用図

と点 A′ は中心軸圧縮力に対応するので，部材係数 γ_b は，1.3 を用いている。これは，中心軸圧縮力を受ける部材でも施工誤差や部材軸線の曲がりなどにより，わずかでも曲げが付加されると耐力が低下するからである。そこで，設計断面耐力 N_{ud} として点 A′ のように軸方向圧縮耐力を低減し，また，点 D′ までの偏心量を許容している。曲線 D′B′C′ の算定には，部材係数 γ_b を 1.1 としている。さらに，偏心量 e の断面高さ h に対する比 $e/h \geqq 10$ のときには，軸力の影響が小さいので，曲げモーメントのみを受ける部材として耐力を算定してよい。実際の設計においては，図中に示すように，構造物係数を γ_i とするとき，$S(\gamma_i M_d, \gamma_i N_d)$ が曲線 A′D′B′C′ の内側斜線部に入るようにする。以下に，矩形断面の鉄筋コンクリート部材を対象として 1) $e = 0$ の場合，2) 釣合い偏心量 e_b の場合，3) $e = \infty$ の場合，4) $e < e_b$ の場合，5) $e > e_b$ の場合の各々における断面耐力を示す。

4.5.1 曲げと軸力を受ける鉄筋コンクリート部材の断面耐力

図-4.16 の断面に偏心軸圧縮力 N が作用するときの断面耐力を求めるためのひずみ分布と等価応力ブロックを示す。

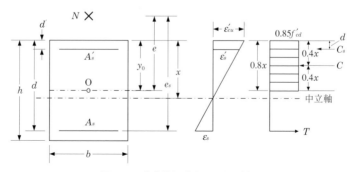

図-4.16 複鉄筋矩形断面の断面耐力

1) $e = 0$：軸圧縮力のみが作用する場合

全断面が一様な圧縮応力を受けるので，軸方向圧縮耐力は式(4.2) より

$$N_u = 0.85 f'_{cd} bh + f'_{yd}(A'_s + A_s) \tag{4.42}$$

2) $e = e_b$：釣合い偏心量の場合

第1編　コンクリート構造物の力学基礎

コンクリート圧縮縁のひずみ ε_c がコンクリートの終局圧縮ひずみ ε_{cu} に達すると同時に鉄筋のひずみ ε_s が降伏ひずみ $\varepsilon_{yd}=f_{yd}/E_s$ に達する。

$\dfrac{\varepsilon'_{cu}}{x}=\dfrac{\varepsilon_{yd}}{d-x}$ であるから，中立軸の位置 x は，

$$x=\frac{\varepsilon'_{cu}}{\varepsilon'_{cu}+\varepsilon_{yd}}d \tag{4.43}$$

軸方向耐力 N_b は，図-4.16 より

$$N_b=0.68\,f'_{cd}bx+A'_s f'_{yd}-A_s f_{yd} \tag{4.44}$$

断面の図心 O は，上縁から y_0 の位置にあり，

$$y_0=\frac{\dfrac{1}{2}bh^2+nA'_s d'+nA_s d}{bh+nA'_s+nA_s}$$

また，図心 O に関するモーメントの釣合いから，曲げ耐力 M_b は，

$$\begin{aligned}
M_b=&\,0.68\times f'_{cd}bx(y_0-0.4\times x)+A'_s f'_{yd}(y_0-d')\\
&+A_s f_{yd}(d-y_0)
\end{aligned} \tag{4.45}$$

これらの軸方向耐力 N_b および曲げ耐力 M_b から，釣合い偏心量 e_b は，　$e_b=\dfrac{M_b}{N_b}$

となる。

3)　$e=\infty$：曲げモーメントのみが作用する場合

曲げ耐力の算定は，3.4.2 項に示している。

4)　$e<e_b$：圧縮破壊域の場合

引張鉄筋が降伏する前にコンクリートの圧縮破壊が生じる領域である。圧縮鉄筋は，降伏し f'_{yd} に達しているが，引張鉄筋は弾性であるので，引張鉄筋の応力 σ_s は，

$$\sigma_s=E_s\varepsilon_s=E_s\frac{d-x}{x}\varepsilon'_{cu} \tag{4.46}$$

軸方向耐力 N_u は，

$$N_u=0.68\,f'_{cd}bx+A'_s f'_{yd}-A_s E_s\frac{d-x}{x}\varepsilon'_{cu} \tag{4.47}$$

図-4.16 において，偏心軸力の作用位置から引張鉄筋までの距離 e_s は，

92

第4章　曲げと軸力を受ける鉄筋コンクリート部材 ●

$$e_s = e + d - y_0 \tag{4.48}$$

引張鉄筋位置におけるモーメントの釣合いから，

$$N_u e_s = 0.68 f'_{cd} bx(d - 0.4x) + A'_s f_{yd}(d - d') \tag{4.49}$$

式（4.47）を式（4.49）へ代入すると

$$0.272 f'_{cd} bx^3 + 0.68 f'_{cd} b(e_s - d)x^2 \\ + \left\{ (A'_s f'_{yd} + A_s E_s \varepsilon'_{cu})e_s - A'_s f'_{yd}(d - d') \right\}x - A_s E_s \varepsilon'_{cu} e_s d = 0 \tag{4.50}$$

式（4.50）の3次方程式の解から，中立軸深さ x を得る。

また，軸方向耐力 N_u は，得られた x を式（4.47）へ代入することにより求められる。

曲げ耐力 M_u は，断面図心 O に関するモーメントの釣合いから，

$$M_u = 0.68 f'_{cd} bx(y_0 - 0.4x) + A'_s f'_{yd}(y_0 - d') + A_s \sigma_s(d - y_0) \tag{4.51}$$

5)　$e > e_b$：引張破壊域の場合

圧縮縁コンクリートのひずみが ε'_{cu} に達する前に引張鉄筋が降伏する場合である。

①　圧縮鉄筋が降伏している場合，

圧縮鉄筋のひずみが，式（4.52）を満足している。

$$\varepsilon'_s = \frac{x - d'}{x} \varepsilon'_{cu} \geq \varepsilon'_{yd} = \frac{f'_{yd}}{E_s} \tag{4.52}$$

このとき，軸方向耐力 N_u は，

$$N_u = 0.68 f'_{cd} bx + A'_s f'_{yd} - A_s f_{yd} \tag{4.53}$$

また，引張鉄筋位置における曲げモーメントの釣合いから

$$N_u e_s = 0.68 f'_{cd} bx(d - 0.4x) + A'_s f'_{yd}(d - d') \tag{4.54}$$

ここで，e_s は，式（4.48）より，$e_s = e + d - y_0$ である。

式（4.53）を式（4.54）へ代入すると

$$0.272 f'_{cd} bx^2 + 0.68 b f'_{cd}(e_s - d)x + (A'_s f'_{yd} - A_s f_{yd})e_s \\ - A'_s f'_{yd}(d - d') = 0 \tag{4.55}$$

式（4.55）の2次方程式の解から，中立軸深さ x を得る。

軸方向耐力 N_u は，得られた x を式（4.53）へ代入することにより求められる。

また，曲げ耐力 M_u は，断面図心 O に関するモーメントの釣合いより

$$M_u = 0.68 f'_{cd} bx(y_0 - 0.4x) + A'_s f'_{yd}(y_0 - d') + A_s f_{yd}(d - y_0) \tag{4.56}$$

② 圧縮鉄筋が降伏していない場合，

圧縮鉄筋のひずみ ε'_s と応力 σ'_s は，次式で表される。

$$\varepsilon'_s = \frac{x - d'}{x} \varepsilon'_{cu} < \varepsilon'_{yd} = \frac{f'_{yd}}{E_s} \tag{4.57}$$

$$\sigma'_s = E_s \varepsilon'_s = E_s \frac{(x - d')}{x} \varepsilon'_{cu} \tag{4.58}$$

このとき，軸方向耐力 N_u は，

$$N_u = 0.68 f'_{cd} bx + A'_s \sigma'_s - A_s f_{yd} \tag{4.59}$$

また，引張鉄筋位置におけるモーメントの釣合いから

$$N_u e_s = 0.68 f'_{cd} bx(d - 0.4x) + A'_s \sigma'_s (d - d') \tag{4.60}$$

式(4.59)を式(4.60)へ代入すると

$$\begin{aligned} & 0.272 f'_{cd} bx^3 + 0.68 f'_{cd} b(e_s - d)x^2 + \{(A'_s E_s \varepsilon'_{cu} - A_s f_{yd})e_s \\ & - A'_s E_s \varepsilon'_{cu}(d - d')\}x - A'_s E_s \varepsilon'_{cu} d'\{e_s - (d - d')\} = 0 \end{aligned} \tag{4.61}$$

式(4.61)の3次方程式の解から，中立軸深さ x が得られる。この x を式(4.59)へ代入して，軸方向耐力 N_u が求められる。

また，曲げ耐力 M_u は，断面図心 O に関するモーメントの釣合いより，式(4.62)によって決定する。

$$M_u = 0.68 f'_{cd} bx(y_0 - 0.4x) + A'_s E_s \varepsilon'_{cu}(y_0 - d') + A_s f_{yd}(d - y_0) \tag{4.62}$$

[例1] 図-4.17に示す複鉄筋断面に関する設計断面耐力を求め，また，相互作

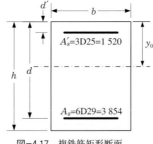

図-4.17　複鉄筋矩形断面

第4章　曲げと軸力を受ける鉄筋コンクリート部材●

用図を描け。断面は矩形であり，$h = 750\,\mathrm{mm}$，$d = 680\,\mathrm{mm}$，$d' = 60\,\mathrm{mm}$，$b = 500\,\mathrm{mm}$である。鉄筋はSD295を用い，図のとおり$A'_s = 1520\,\mathrm{mm}^2$，$A_s = 3854\,\mathrm{mm}^2$とする。コンクリートの設計基準強度は$f'_{ck} = 24\,\mathrm{N/mm}^2$，コンクリートの弾性係数は$E_c = 2.5 \times 10^4\,\mathrm{N/mm}^2$，鉄筋の弾性係数は$E_s = 2.0 \times 10^5\,\mathrm{N/mm}^2$，材料係数は$\gamma_c = 1.3$および$\gamma_s = 1.0$である。また，部材係数$\gamma_b$は偏心量0のとき$\gamma_b = 1.3$，それ以外のとき$\gamma_b = 1.1$とする。

【解】

材料の設計値は，材料係数を考慮して，

$$f'_{cd} = \frac{24}{1.3} = 18.5\,\mathrm{N/mm}^2$$

$$f_{yd} = \frac{295}{1.0} = 295\,\mathrm{N/mm}^2$$

$$\varepsilon_{yd} = \varepsilon'_{yd} = \frac{f_{sy}}{E_s} = \frac{295}{2.0 \times 10^5} = 0.00148$$

断面の図心位置y_0は，換算断面1次モーメントおよび換算断面積から

$$
\begin{aligned}
y_0 &= \frac{\dfrac{bh^2}{2} + nA'_s d' + nA_s d}{bh + nA'_s + nA_s} \\
&= \frac{\dfrac{500 \times 750^2}{2} + 8 \times 1520 \times 60 + 8 \times 3854 \times 680}{500 \times 750 + 8 \times 1520 + 8 \times 3854} \\
&= 388\,\mathrm{mm}
\end{aligned}
$$

1)　$e = 0$：軸圧縮力のみが作用する場合

軸方向圧縮耐力N_uは，式(4.42) より

$$
\begin{aligned}
N_u &= 0.85 \times 18.5 \times 500 \times 750 + 295 \times (1520 + 3854) \\
&= 7482\,\mathrm{kN}
\end{aligned}
$$

これより，設計軸方向圧縮耐力N_{ud}は，軸方向圧縮耐力N_uを部材係数γ_bで除して，

$$N_{ud} = \frac{N_u}{\gamma_b} = \frac{7482}{1.3} = 5755\,\mathrm{kN}$$

95

第1編　コンクリート構造物の力学基礎

2)　$e = e_b$：釣合い偏心量の場合

中立軸深さ x は，式（4.43）より

$$x = \frac{\varepsilon'_{cu}}{\varepsilon'_{cu} + \varepsilon_{yd}} d = \frac{0.0035}{0.0035 + 0.00148} \times 680 = 478 \text{ mm}$$

圧縮鉄筋のひずみ ε'_s の塑性化（降状の有無）を調べる。

$$\varepsilon'_s = \frac{x - d'}{x} \varepsilon'_{cu} = \frac{478 - 60}{478} \times 0.0035 = 0.00306 > \varepsilon'_{yd} = \frac{f'_{yd}}{E_s}$$

$$= \frac{295}{2.0 \times 10^5} = 0.00148$$

したがって，圧縮鉄筋は降伏している。

軸方向耐力 N_u および曲げ耐力 M_u は，式（4.44）および式（4.45）より

$$N_{ub} = 0.68 \times 18.5 \times 500 \times 478 + 1\,520 \times 295 - 3\,854 \times 295$$
$$= 2\,318 \text{ kN}$$
$$M_{ub} = 0.68 \times 18.5 \times 500 \times 478\,(388 - 0.4 \times 478)$$
$$+ 1\,520 \times 295\,(388 - 60) + 3\,854 \times 295\,(680 - 388)$$
$$= 1\,071 \text{ kN·m}$$

釣合い偏心量 e_b は，M_{ub} を N_{ub} で除して

$$e_b = \frac{1\,071}{2\,318} = 0.462 \text{ m} = 462 \text{ mm}$$

設計断面耐力は部材係数を考慮して，

$$N_{ud} = \frac{N_{ub}}{\gamma_b} = \frac{2\,318}{1.1} = 2\,107 \text{ kN}$$

$$M_{ud} = \frac{N_{ub}}{\gamma_b} = \frac{1\,071}{1.1} = 974 \text{ kN·m}$$

3)　$e = \infty$：曲げのみを受ける場合

水平方向の力の釣合いより，中立軸深さ x は，式（3.69）を用いて

$$x = \frac{3\,854 \times 295 - 1\,520 \times 295}{0.68 \times 18.5 \times 500} = 109 \text{ mm}$$

引張鉄筋の降伏の条件は，式（3.71）より，

96

$$x = 109 \text{ mm} < \frac{\varepsilon'_{cu} d}{\varepsilon'_{cu} + \dfrac{f_{yd}}{E_s}} = 478 \text{ mm}$$

であるので，引張鉄筋は降伏している。

一方，圧縮鉄筋のひずみ ε'_s は，式(3.74) より，

$$\varepsilon'_s = \frac{109 - 60}{109} \times 0.0035 = 0.00157 > \frac{f'_{yd}}{E_s} = 0.00148$$

であるから，圧縮鉄筋も降伏している。

曲げ耐力は式(3.70) より

$$\begin{aligned} M_u &= (3\,854 \times 295 - 1\,520 \times 295)(680 - 0.4 \times 109) + 1\,520 \times 295 \times (680 - 60) \\ &= 716 \text{ kN·m} \end{aligned}$$

設計曲げ耐力 M_{ud} は，曲げ耐力 M_u を部材係数 γ_b で除して

$$M_{ud} = \frac{716}{1.1} = 651 \text{ kN·m}$$

4)　$e = 200\,\text{mm} < e_b = 462\,\text{mm}$ ：圧縮破壊域の場合

e_s は，式(4.48) から

$$e_s = e + d - y_0 = 200 + 680 - 388 = 492\,\text{mm}$$

中立軸深さ x は，式(4.50) から

$$\begin{aligned} &0.272 \times 18.5 \times 500 \times x^3 + 0.68 \times 18.5 \times 500\,(492 - 680)\,x^2 \\ &+ \Big\{ (1\,520 \times 295 + 3\,854 \times 2.0 \times 10^5 \times 0.0035) \times 492 - 1\,520 \times 295\,(680 - 60) \Big\} x \\ &- 3\,854 \times 2.0 \times 10^5 \times 0.0035 \times 492 \times 680 = 0 \end{aligned}$$

中立軸深さ x に関する3次方程式は次式となる。

$$x^3 - 470\,x^2 + 504\,739\,x - 358\,734\,487 = 0 \tag{ex 1}$$

よって，3次方程式の解より中立軸深さ x は

$$x = 609\,\text{mm}$$

圧縮鉄筋のひずみ ε'_s は

$$\varepsilon'_s = \frac{x - d'}{x} \times 0.0035 = \frac{609 - 60}{609} \times 0.0035 = 0.00316 > \varepsilon'_{yd} = \frac{f'_{yd}}{E_s} = 0.00148$$

であり圧縮鉄筋は降伏している。

また，引張鉄筋の応力 σ_s は式(4.46) より

第1編　コンクリート構造物の力学基礎

$$\sigma_s = E_s \frac{d-x}{x} \varepsilon'_{cu} = 2.0 \times 10^5 \times \frac{680-609}{609} \times 0.0035 = 81.6 \, \text{N}/\text{mm}^2$$

軸方向耐力式 N_u および曲げ耐力 M_u は，式（4.47）および（4.51）より

$$N_u = 0.68 \times 18.5 \times 500 \times 609 + 1520 \times 295 - 3854 \times 81.6$$
$$= 3\,964\,523 \, \text{N} = 3\,965 \, \text{kN}$$
$$M_u = 0.68 \times 18.5 \times 500 \times 609\,(388 - 0.4 \times 609) + 1520 \times 295\,(388 - 60)$$
$$+ 3854 \times 81.6\,(680 - 388)$$
$$= 792\,045\,312 \, \text{N·mm}$$
$$= 792 \, \text{kN·m}$$

設計断面耐力は部材係数を考慮して，

$$N_{ud} = \frac{N_u}{\gamma_b} = \frac{3\,965}{1.1} = 3\,605 \, \text{kN}$$

$$M_{ud} = \frac{792}{1.1} = 720 \, \text{kN·m}$$

5)　$e = 600 \, \text{mm} > e_b = 462 \, \text{mm}$ ：引張破壊域の場合

e_s は，式（4.48）から

$$e_s = 600 + 680 - 388 = 892 \, \text{mm}$$

中立軸深さ x は式（4.55）より

$$0.272 \times 18.5 \times 500 \, x^2 + 0.68 \times 500 \times 18.5\,(892 - 680)\,x$$
$$+ (1520 \times 295 - 3854 \times 295) \times 892 - 1520 \times 295\,(680 - 60) = 0$$

この2次方程式の解より，$x = 387 \, \text{mm}$

圧縮鉄筋のひずみ ε'_s は，式（4.52）より

$$\varepsilon'_s = \frac{387 - 60}{387} \times 0.0035 = 0.00296 > \varepsilon'_{yd} = \frac{f'_{yd}}{E_s} = 0.001478$$

したがって，圧縮鉄筋は降伏している。

軸方向耐力 N_u および曲げ耐力 M_u は式（4.53）および式（4.56）より

$$N_u = 0.68 \times 18.5 \times 500 \times 387 + 1520 \times 295 - 3854 \times 295$$
$$= 1746 \, \text{kN}$$
$$M_u = 0.68 \times 18.5 \times 500 \times 387\,(388 - 0.4 \times 387)$$
$$+ 1520 \times 295\,(388 - 60) + 3854 \times 295\,(680 - 388)$$
$$= 1047 \, \text{kN·m}$$

設計断面耐力は，部材係数 γ_b を考慮して，

$$N_{ud} = \frac{N_u}{\gamma_b} = \frac{1746}{1.1} = 1587 \text{ kN}$$

$$M_{ud} = \frac{M_u}{\gamma_b} = \frac{1047}{1.1} = 952 \text{ kN·m}$$

以上，1）から5）の設計断面耐力に関する相互作用図は図-4.18のとおりである。

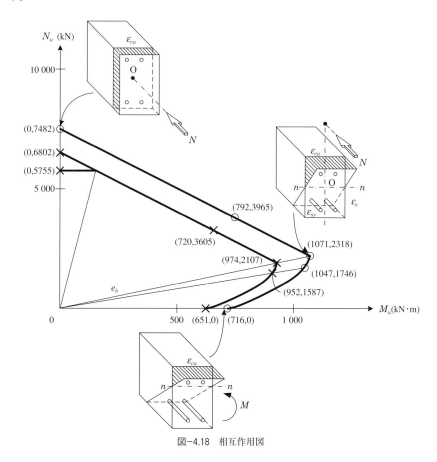

図-4.18 相互作用図

◎参考文献

1) 土木学会：2017年 制定コンクリート標準示方書［設計編］，2018

第5章
せん断力を受ける鉄筋コンクリート部材

5.1 概 説

　鉄筋コンクリート構造物の破壊形態において，最も慎重に扱わなければいけないのは，せん断力による破壊，すなわちせん断破壊である。なぜなら，せん断破壊は，曲げ破壊より脆性的で，構造物そのものの形状保持が困難であり，人や物の安全性に対し直接危害を及ぼす可能性があるためである。図-5.1に示す阪神・淡路大震災での高架橋の倒壊はまさにこの破壊形態の恐ろしさを示している。せん断破壊は，せん断力が卓越する箇所で発生するものであるが，一般にせん断力単独の作用によるものではなく，曲げモーメントとの組み合わせ応力下で発生するものである。その特徴は，一般に斜めひび割れと呼ばれるひび割れの発生を伴うものであり，引張鉄筋の降伏後にコンクリートが圧壊する曲げ破壊に比べ脆性的である。したがって，このような破壊形態を防ぐために，通常せん断破壊より曲げ破壊を先行させるように設計する必要がある。

　本章では，はじめに，鉄筋コンクリートはりに外力が作用する際のせん断応力

図-5.1　阪神・淡路大震災でのRC橋脚の倒壊[1]

第1編　コンクリート構造物の力学基礎

状態を示す。次いで，せん断補強鉄筋を有しない鉄筋コンクリートはりを対象に，せん断力に抵抗する要因を整理し，各要因の分担力と耐荷機構について述べる。また，これらの要因を定式化したせん断耐力算定式について説明する。つぎに，せん断補強鉄筋を有する鉄筋コンクリートはりのせん断破壊を取り上げ，古典的なトラス理論を解説することによりせん断補強鉄筋により受け持たれるせん断力を算出する。また，これと前述のトラス作用以外によって抵抗するせん断力のたし合わせによりすべてのせん断耐力を算定する。最後に，ウェブコンクリートの斜め圧縮破壊について解説するとともに，モーメントシフトの概念とその意義について論じる。

5.2　鉄筋コンクリートはりにおけるせん断応力

コンクリートはひび割れ発生前であればほぼ弾性体とみなすことができるため，その応力状態を考える際には弾性体の応力状態を参考にすると良い。第1章の図-1.3に示す通り，せん断力 S に対する断面内のせん断応力 τ は，断面1次モーメントを Q，断面の幅を b，断面2次モーメントを I とすると，$\tau = SQ/(bI)$ で表される。ここで，Q は中立軸からの距離 y の2次式で表されるため，その分布は図に示される通り，上下縁で0，中立軸で最大となる放物線を描く。一方，図-1.6に示される弾性体はりの主応力線図より，主圧縮応力線および主引張応力線は，中立軸では45°の傾きを持ち，上縁および下縁では縁に直角または平行になり，主引張応力線と主圧縮応力線は互いに直行する。以上の弾性体の応力分布を参考にし，弾性理論に基づき鉄筋コンクリートはりの応力分布を考える。コンクリート断面の幅を b，有効高さを d，鉄筋の断面積を A_s とする。鉄筋とコンクリートのヤング係数比を $n = E_s/E_c$ とすると，これを考慮した鉄筋の換算断面は nA_s で表される。コンクリート上縁から中立軸までの距離は c とする。さらに，コンクリートのせん断応力を考える際，以下の仮定を設ける。

①　コンクリートは弾性体とする。

②　コンクリートの引張応力は無視する。

以上の仮定に基づき，力の釣合いとひずみの適合条件からコンクリート断面内のせん断応力分布を求めると，図-5.2に示す通りとなる。すなわち，コンクリー

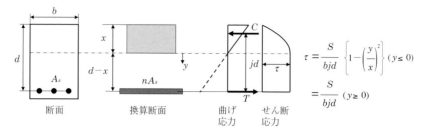

図-5.2 鉄筋コンクリートはりのせん断応力分布図

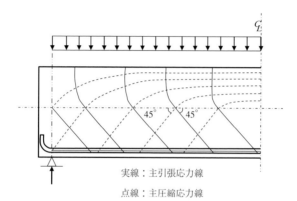

実線：主引張応力線
点線：主圧縮応力線

図-5.3 引張側を無視した鉄筋コンクリートはりの主応力線図

ト上縁で0，中立軸まで放物線状に増加し，中立軸上で最大（$\tau = S/(bjd)$）となり，中立軸からコンクリート下縁まで一定で推移することになる。ここで，jdは鉄筋の引張合力Tとコンクリートの圧縮合力Cとの間の距離である。

このような応力状態に対する主応力線図を図-5.3に示す。図より，ひび割れ後のコンクリートで，引張部のコンクリート応力を無視した場合には，曲げ応力σおよびせん断応力τの分布図から中立軸以下の引張側の主応力線は傾き45°の直線となる。コンクリートのひび割れは主引張応力に対して直角に発生するので，言い換えれば，部材下縁から主圧縮応力線の方向に発生することになり，この仮定に従えば，せん断力が卓越する支点部付近のひび割れは部材軸に対して，ほぼ斜め45°に発生すると考えることができる。

5.3 せん断補強鉄筋を有しないはりのせん断耐荷機構

コンクリートと軸方向鉄筋のみで構成される鉄筋コンクリートはりにせん断力が作用し，斜めひび割れが発生したとする。図-5.4にそのような状況下におけるフリーボディを取り出し，力の釣合いを考える。図より，作用せん断力 V は以下の要因により分担されると考えられる。

$$V = V_{cz} + V_{ay} + V_d$$

ここで，V_{cz}：圧縮部のコンクリートに作用するせん断力
V_a：ひび割れ面の骨材のかみ合いによって伝達されるせん断力（V_{ay} は V_a の鉛直成分）
V_d：軸方向鉄筋のダウエル作用

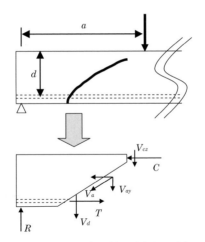

図-5.4　せん断力の分担に寄与する要因

圧縮部のコンクリートに作用するせん断力 V_{cz} は圧縮部の面積に依存する。ここで，コンクリート断面の幅 b_w が一定であれば，コンクリート上縁から中立軸までの距離 x に依存することになる。終局限界状態における中立軸の位置は，鉄筋比 p_w やコンクリート強度 f'_c 等から得られる。

つぎにひび割れ面の骨材のかみ合いによって伝達されるせん断力 V_a は，ひび割れ幅に依存すると考えられる。すなわち，ひび割れ幅が大きいほど骨材のかみ

合い作用が低下し，逆にひび割れ幅が小さければ大きな骨材のかみ合い作用が期待できると考えられる。したがって，この要因はひび割れ幅に関係する前述の鉄筋比 p_w やコンクリート強度 f'_c の影響を受けると考えられる。さらに，この要因は，寸法効果と呼ばれる骨材の寸法と部材寸法との相対的な関係に依存することが知られており，一般に骨材寸法に対してコンクリート断面の有効高さが大きいほどこの要因が小さくなると考えられる。

最後に，ダウエル作用とは，一般に線材と考えられる軸方向鉄筋にも実際には曲げ剛性があり，ひび割れ面においてせん断力により相対変位が生じればこれに抵抗する機構である。このようにダウエル作用が軸方向鉄筋の曲げ剛性，あるいは発生する相対変位（ひび割れ幅）に関係するとすれば，これも前述の鉄筋比 p_w やコンクリート強度 f'_c に影響されると考えられる。骨材のかみ合い作用およびダウエル作用の概念図を図-5.5に示す。また，骨材のかみ合い作用やダウエル作用に影響を及ぼすひび割れ幅は軸圧縮力が作用すれば小さくなり，軸引張力が作用すれば大きくなるため，せん断力の分担を考える際，軸力の影響も考慮する必要がある。以上のことから，せん断力に影響を及ぼす主たる要因として，鉄筋比 p_w，コンクリート強度 f'_c，部材の有効高さ d，さらには軸力 N が挙げられる。

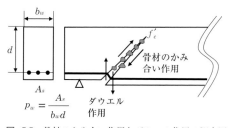

図-5.5　骨材のかみ合い作用とダウエル作用の概念図

これらの要因とは別に，鉄筋コンクリートはりの破壊形態そのものに影響を及ぼす要因としてせん断スパン比が挙げられる。せん断スパン比とは，せん断スパン a をはりの有効高さ d で除した値（a/d）である。図-5.4に示す通り，せん断スパン a が増加すると，せん断力は一定であるのに対して，曲げモーメントは a に比例して増加する。すなわち，せん断スパン a が大きいと，曲げモーメントが卓越し，結果，曲げ破壊が先行することになる。一方，a が小さいと逆に曲げ

第1編　コンクリート構造物の力学基礎

モーメントは小さくなり，せん断力の影響が卓越し，せん断破壊が先行することになる。せん断スパン比はせん断スパン a を有効高さ d で除して無次元化した値であり，この値が大きいものほど細長いはりとみなすことができる。曲げ破壊とせん断破壊の境界については研究者により多少見解が異なるが，おおむね $a/d = 5.5～6.5$ であると考えられる[2),3)]。

　以上のことから，せん断補強鉄筋をもたない鉄筋コンクリートはりのせん断力は，コンクリート強度 f_c'，鉄筋比 p_w，有効高さ d，軸力 N，せん断スパン比 a/d に依存すると考えられる。これらの要因がせん断力に及ぼす影響を理論的に定式化できればそれに越したことはないが，残念ながら現段階ではその域に達していないため，多くの実験結果から得られた以下の経験式に基づき評価されている[4)]。

$$V_c = 0.20\, f_c'^{1/3} (100\, p_w)^{1/3}\, d^{-1/4} \left(0.75 + \frac{1.4}{a/d} \right) b_w d$$

ここで，f_c'：コンクリートの圧縮強度（MPa）

　　　　$p_w = A_s/(b_w d)$：引張鉄筋比

　　　　d：有効高さ，$d^{-1/4}$ で表される際の d の単位は（m）

　　　　a/d：せん断スパン比

　　　　b_w：ウェブの幅（長方形断面の場合，断面の幅）

　なお，上式は斜め引張破壊を前提とした比較的細長いはりに対して適用可能であることに留意する必要がある。また，上式は実験結果に基づく経験式，すなわち実験結果に最も合うよう各項（各係数）をフィッティングさせた結果であることから，左辺と右辺では単位（次元）が合っていないことに留意する必要がある。コンクリート標準示方書では，この式に基づき，せん断補強鉄筋を用いない棒部材の設計せん断耐力を次式で表している。

$$V_{cd} = \beta_d \cdot \beta_p \cdot f_{vcd} \cdot b_w \cdot d / \gamma_b$$

ここで，$f_{vcd} = 0.20 \sqrt[3]{f_{cd}'}$　（N/mm²）ただし，$f_{vcd} \leqq 0.72$（N/mm²）

　　　　$\beta_d = \sqrt[4]{1000/d}$　（d：mm）ただし，$\beta_d > 1.5$ の場合は $\beta_d = 1.5$ とする。

　　　　$\beta_p = \sqrt[3]{100\, p_v}$　ただし，$\beta_p > 1.5$ の場合は $\beta_p = 1.5$ とする。

　　　　b_w：ウェブの幅（mm）

106

d：有効高さ（mm）

$p_v = A_s/(b_w d)$：引張鉄筋比

γ_b：部材係数で，この場合には一般に1.3としてよい。

5.4　せん断補強鉄筋を有するはりのせん断耐荷機構

5.4.1　せん断補強鉄筋の種類

　一般に大きなせん断力が作用した場合，せん断補強鉄筋なしでせん断力に抵抗することは困難である。したがって，せん断力が卓越する箇所には適切にせん断補強鉄筋を配置する必要がある。せん断補強鉄筋は，スターラップと折曲鉄筋に大別される。このうち，スターラップは部材軸と垂直に，軸方向鉄筋を囲むようにある間隔ごとに配置された鉄筋で，図-5.6のように主としてU型と閉合型に分けられる。一方，折曲鉄筋は，本来曲げモーメントにより発生する引張に抵抗する目的で配置されている軸方向鉄筋の一部を折曲げ，せん断力に対して抵抗させることを目的としたものである。図-5.7より，等分布荷重を受ける単純支持された鉄筋コンクリートはりでは，支間中央で曲げモーメントが最大となり，せん断力は0となる。したがって，軸方向鉄筋は支間中央での曲げモーメントに対して抵抗できるよう，必要量を配置する必要がある。一方，曲げモーメントは，支点に向かうにつれ，減少することから，支点近くでは支間中央で必要とされる軸方向鉄筋量は必ずしも必要ではなくなる。逆に，せん断力は支点に向かうにつれ，増加するため，軸方向鉄筋の一部を折曲げ，斜め引張応力の方向にほぼ沿って，言い換えれば斜めひび割れの方向とほぼ直角に鉄筋を配置したものが折曲げ鉄筋

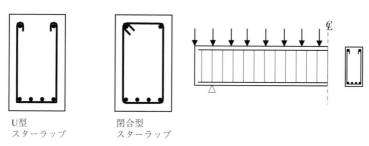

U型
スターラップ

閉合型
スターラップ

図-5.6　スターラップの種類

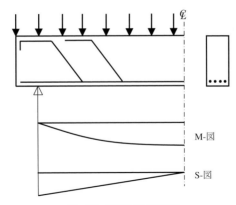

図−5.7 折曲鉄筋の概念図

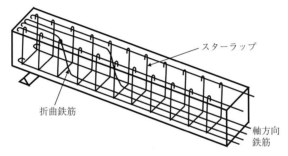

図−5.8 せん断補強鉄筋の配筋

である．図−5.8 にこれらのせん断補強鉄筋の配筋状態を立体的に示す．

　せん断補強鉄筋の機能として，本来の斜めひび割れ発生後に主引張応力に抵抗し，せん断耐力を増加させる目的以外にも，斜めひび割れ幅の拡大の拘束（→骨材のかみ合い作用 V_a の低下を抑制），斜めひび割れが圧縮側に進展することの拘束（→圧縮部のコンクリートに作用するせん断力 V_{cz} の低下の抑制），斜めひび割れが引張鉄筋に沿って進展することの拘束（→ダウエル作用 V_d の低下を抑制および引張鉄筋の付着破壊の防止）といった副次的な効果も期待される．さらにスターラップには軸方向鉄筋を所定の位置に配置する組立鉄筋としての機能も期待できる．

第5章　せん断力を受ける鉄筋コンクリート部材●

5.4.2　せん断破壊の形態

　鉄筋コンクリートはりの破壊形態を考える場合，断面力のうち曲げモーメントにより破壊（曲げ破壊）するか，せん断力により破壊（せん断破壊）するかを検討する必要がある。両者は主としてせん断スパン比 a/d により区別され，一般に $a/d = 5.5 \sim 6.5$ を境に，これより大きければ曲げ破壊，小さければせん断破壊と考えることができる。さらに，せん断破壊の形態は，斜め引張破壊，せん断圧縮破壊，ウェブ圧縮破壊，および2次的な破壊（付着破壊）に大別される[5]。以下，それぞれの破壊形態について説明する。

（1）　斜め引張破壊

　せん断力の卓越する箇所に発生する斜め引張力に伴う斜めひび割れの進展により破壊する形態であり，$a/d = 2.5 \sim 6.5$ 程度の比較的細長い（スレンダーな）はりに見られる一般的な破壊形態である。斜めひび割れの発生過程により，曲げせん断ひび割れとウェブせん断ひび割れに大別される。ここで，曲げせん断ひび割れとは，支点と載荷点間に発生する曲げひび割れが，その後載荷点に向かって斜めひび割れとして進展するものであり，一般的な形態といえる。一方ウェブせん断ひび割れは曲げひび割れとは独立に，ウェブ中央に斜めひび割れが発生し進展するもので，軸圧縮力の卓越した PC 部材やウェブの極端に薄い RC 部材に発生する破壊形態と言える。

（2）　せん断圧縮破壊

　せん断スパン比 $a/d = 1.0 \sim 2.5$ 程度のはりに対する一般的な破壊形態である。斜めひび割れが形成されてもただちに破壊には至らず，斜めひび割れ上部のコンクリートと引張鉄筋がタイドアーチ的な耐荷機構を形成する。最終的には載荷点付近で斜めひび割れ上部のコンクリートが圧壊し，破壊に至る。

（3）　ウェブ圧縮破壊

　せん断スパン比 $a/d \leqq 1.0$ 程度のディープビームと呼ばれるはりに見られる破壊形態である。曲げひび割れは見られず，支点と載荷点を結ぶ直線付近に斜めひび割れが発生し，しだいに圧縮破壊する。前述のタイドアーチというよりタイ付

109

きのストラット構造に近い耐荷機構と言える。タイドアーチ的耐荷機構およびタイドストラット的耐荷機構の概念図を図-5.9に示す。

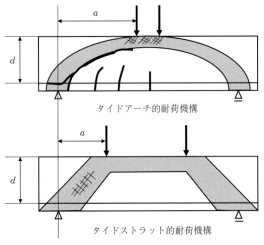

図-5.9　せん断耐荷機構の概念図

（4）　2次的な破壊（付着破壊）

斜めひび割れの引張鉄筋側への進展に伴い，引張鉄筋に沿った割裂ひび割れが発生し，これにより引張鉄筋とコンクリートの付着が失われ付着破壊（定着破壊）が誘発される現象である。

5.4.3　せん断補強鉄筋を有するはりのせん断力の分担

せん断補強鉄筋を有するはりでは，前述の，①圧縮部のコンクリートに作用するせん断力 V_{cz}，②骨材のかみ合い作用 V_{ay}，③ダウエル作用 V_d に加え，せん断補強鉄筋による作用 V_s が考えられる。すなわち，せん断力 V は

$$V = V_{cz} + V_{ay} + V_d + V_s$$

により評価されると考えられる。しかしながらこれら4つの要因は各荷重段階で同様に作用するわけではないことに留意する必要がある。図-5.10に各荷重段階におけるせん断力の分担の概念図を示す[2]。図より，曲げひび割れ発生前までは，コンクリートの V_{cz} のみでせん断力に対して抵抗し，ダウエル作用 V_d および骨

材のかみ合い作用 V_{ay} はひび割れ発生後に出現すると考えられる。さらにせん断補強鉄筋（スターラップ）による作用は斜めひび割れ発生以降に初めて期待され，せん断補強鉄筋の降伏後は，ダウエル作用，骨材のかみ合い作用は共に減少し，せん断補強鉄筋とコンクリートのみで抵抗することになる。

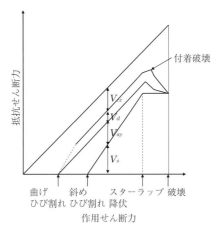

図-5.10　せん断補強鉄筋を持つはりのせん断力の分担の概念図

5.4.4　トラス理論

　トラス理論とは，斜めひび割れが発生したはりを静定トラスでモデル化する考え方である。したがって，破壊形態が斜め引張破壊型であることが前提条件として挙げられる。すなわち，①圧縮コンクリートは圧壊しない，②引張鉄筋は降伏しない，③せん断補強鉄筋は降伏する，④ウェブコンクリートは斜め圧縮破壊しないことが前提条件となる。以上の条件に基づき，スターラップおよび折曲鉄筋を有する鉄筋コンクリートはりをモデル化した概念図を図-5.11 に示す。図より，①は圧縮部のコンクリートで，これを上弦材とみなす。上弦材の位置は圧縮合力の作用位置に一致する。②は引張鉄筋で，これを下弦材とみなす。下弦材の位置は引張合力の作用位置に一致する。③はせん断補強鉄筋（スターラップまたは折曲鉄筋）であり，これを引張腹材とみなす。ここで，スターラップは垂直材，折曲鉄筋は斜材となる。最後に④は斜めひび割れが発生しているウェブコンクリートでこれを圧縮斜材とみなす。以上のことから，トラスの高さは，圧縮合力と引

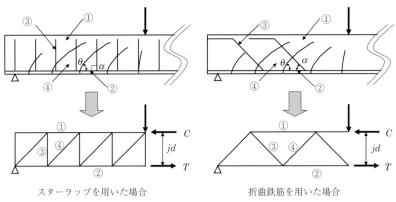

図-5.11　トラス理論の概念図

張合力の作用位置の距離ということになり，$z = jd = d - c/3$（d：有効高さ，c：コンクリート上縁から中立軸までの距離）で表される。また上弦材と下弦材はともに水平（すなわち両者は平行）となる。せん断補強鉄筋の部材軸とのなす角度をαとすると，スターラップでは90°，折曲鉄筋では例えば45°となる。また，斜めひび割れの部材軸となす角度は$\theta (\fallingdotseq 45°)$で表すこととする。

以上に基づき，図-5.12に示す手順に従い，せん断補強鉄筋により受け持たれ

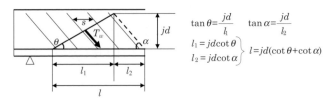

ひび割れを横切るせん断補強鉄筋の本数　　$n = \dfrac{l}{s} = \dfrac{jd(\cot\theta + \cot\alpha)}{s}$

せん断補強鉄筋の全引張力　　$T_w = nA_w\sigma_w = A_w\sigma_w jd(\cot\theta + \cot\alpha)/s$

せん断補強鉄筋により受けもたれるせん断力　　$V = T_w\sin\alpha = A_w\sigma_w jd\sin\alpha(\cot\theta + \cot\alpha)/s$

せん断補強鉄筋により受けもたれるせん断耐力　　$V_s = A_w f_{wy} jd\sin\alpha(\cot\theta + \cot\alpha)/s$

ここで，f_{wy}はせん断補強鉄筋の降伏応力（N/mm²）

図-5.12　せん断補強鉄筋により受けもたれるせん断耐力V_sの算出方法

第5章 せん断力を受ける鉄筋コンクリート部材●

るせん断力 V_s を算出する。

同図において斜めひび割れが $\theta = 45°$ で発生した場合，せん断補強鉄筋として
スターラップを用いると，$\alpha = 90°$ となり，図中の式にこれらの値を代入すると，
スターラップにより受けもたれるせん断耐力 V_s は，$V_s = A_w f_{wy} jd/s$ で与えられる。
一方，折曲鉄筋を用いた場合，$\alpha = 45°$ とすると，図中の式より折曲鉄筋による
受けもたれるせん断耐力 V_s は，$V_s = \sqrt{2} A_w f_{wy} jd/s$ で与えられる。

トラス理論では当初，せん断補強鉄筋を有する鉄筋コンクリートはりのせん断
耐力 V は $V = V_s$ と考えられていたが，その後の研究によりこれでは過小評価で
あることが解明され，現在は前述の V_c を加算し，$V_y = V_s + V_c$ により，鉄筋コ
ンクリートはりのせん断耐力を評価することとしている。

ここで，V_y ：せん断耐力

$\quad\quad$ V_s ：トラス作用によって抵抗するせん断力（トラス理論により算出）

$\quad\quad$ V_c ：トラス作用以外によって抵抗するせん断力（実験データに基づく
$\quad\quad\quad$ 経験式により算出）

である。

なお，設計せん断耐力を算出するには V_s に対し，部材係数 γ_b（一般に 1.1 と
してよい）を考慮し，$V_{sd} = V_s/\gamma_b$ より，V_{sd} を算出し，5.3 節で求めた V_{cd} との足
し合わせにより V_{yd} を求める。

5.4.5 ウェブコンクリートの斜め圧縮破壊

ウェブコンクリートの斜め圧縮破壊とは，斜めひび割れ間のウェブコンクリー
トが圧縮強度に達し破壊する現象である。このような破壊形態は，斜め引張破壊
以上に脆性的であるため，これを避ける必要がある。前述のトラス理論に従い，
ウェブコンクリートの圧縮耐力より，このような破壊形態に対するせん断耐力を
算出する。その概念図を図−5.13 に示す。

ここで，部材軸に対するひび割れの角度を $\theta = 45°$，せん断補強鉄筋としてス
ターラップを使用（$\alpha = 90°$）することとし，これらの値を図中の式に代入する
と，せん断耐力 V_{wc} は

$$V_{wc} = \frac{1}{2} f'_{wc} b_w jd$$

113

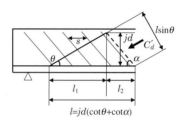

斜め圧縮材C'_dの受圧面積： $b_w l \sin\theta$

斜め圧縮材C'_dの圧縮耐力： $C'_d = f'_{wc} b_w l \sin\theta$
$\qquad\qquad\qquad\qquad = f'_{wc} b_w jd(\cot\theta+\cot\alpha)\sin\theta$

ここで，f'_{wc}は斜め圧縮材の圧縮強度

このときのせん断耐力： $V_{wc} = C'_d \sin\theta$
$\qquad\qquad\qquad\qquad = f'_{wc} b_w jd(\cot\theta+\cot\alpha)\sin^2\theta$

図-5.13　斜め圧縮破壊に対するせん断耐力の算出方法

で表される．上式より，このような破壊形態は，ウェブの幅の薄い部材（b_wが小さい部材）でとくに留意する必要がある．コンクリート標準示方書［設計編］[6]では，f'_{wc}を安全側に評価し，以下の式によりせん断耐力式を算出することとしている．

$$V_{wc} = 1.25\sqrt{f'_c}\, b_w jd$$

ここで重要なのは，このような脆性的な破壊を避けるため，せん断補強鉄筋の受けもつせん断力を，ウェブコンクリートの圧縮破壊耐力よりも小さくしておくことである（$V_s < V_{wc}$）．これにより，スターラップの降伏後，ウェブコンクリートの圧縮破壊が生じることとなり，いわゆる斜め引張破壊先行型のはりを設計することが可能となる．

なお，設計斜め圧縮せん断耐力を算出するにはV_{wc}に対し，部材係数γ_b（一般に 1.3 としてよい）を考慮し，$V_{wcd} = V_{wc}/\gamma_b$ より，V_{wcd}を算出する．

5.4.6　モーメントシフト

モーメントシフトとは，斜めひび割れの発生に伴い，軸方向鉄筋の引張力が曲げ理論によって算出される値よりも増加することを考慮したものである．曲げ理

論に前述のトラス理論を加味して軸方向鉄筋の引張力を算定した結果，各断面に発生するモーメントは支点からの距離 x に有効高さ d を加えた断面におけるモーメントを適用することにより十分安全側に評価されることが明らかにされている。図-5.14にモーメントシフトの考え方を示す。図より，単純支持された RC はりの支点における曲げモーメントは 0 となることから，はり理論によればこの位置の軸方向鉄筋に作用する引張力は 0 となる。一方，トラス理論においては，下弦材とみなしたこの位置の軸方向鉄筋には明らかに引張力が作用している。したがって，設計上この影響を考慮するため，曲げモーメントの分布を平行移動（シフト）させるルール（モーメントシフト）が適用されている。

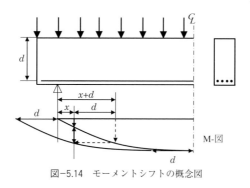

図-5.14 モーメントシフトの概念図

[例1]（1）図-3.6(**a**)に示される断面（$d = 68$ cm, $b = 50$ cm, $A_s = 25.7$ cm^2）を有するせん断補強鉄筋を有しない鉄筋コンクリートはり（コンクリートの圧縮強度 $f'_c = 24$ N/mm^2，鉄筋 SD295）のせん断抵抗力を求めよ。ただし，$a/d = 5.6$ とする。（2）次に D13 のスターラップ（SD295）を U 型に 250 mm ピッチで配筋した際のスターラップのせん断抵抗力を求めよ。（3）さらに，ウェブコンクリートの斜め圧縮破壊に対するせん断抵抗力を求めよ。

（1）せん断補強鉄筋をもたない鉄筋コンクリートはりのせん断抵抗力は次式により算出できる。

$$V_c = 0.20 f_c'^{1/3} (100 p_w)^{1/3} d^{-1/4} \left(0.75 + \frac{1.4}{a/d} \right) b_w d$$

第1編　コンクリート構造物の力学基礎

ここで，$f_c' = 24\,\text{MPa}$

$$p_w = A_s/(b_w d) = 25.7 \times 10^2/(500 \times 680) = 0.00756$$

$$d = 0.68\,\text{m}$$

$$V_c = 0.20 \times (24)^{1/3} \times (100 \times 0.00756)^{1/3} \times (0.68)^{-1/4}$$
$$\times (0.75 + 1.4/5.6) \times 500 \times 680 = 1.96 \times 10^5\,\text{N} = 196\,\text{kN}$$

（２）　スターラップによるせん断抵抗力はトラス理論から次式により算出できる。

$$V_s = A_w f_{wy} \sin\alpha \frac{z\cot\theta + z\cot\alpha}{s}$$

ここで，$\theta = 45°$，$\alpha = 90°$，$z = jd \fallingdotseq (7/8)d$ とすると上式は次式で表される。

$$= A_w f_{wy} \frac{(7/8)d}{s}$$

A_w：スターラップ（D13）の断面積。U字型としていることから$2\times$（スターラップ1本当たりの断面積）

f_{wy}：スターラップの降伏強度

$$V_s = 2 \times 126.7 \times 295 \times (7/8) \times 680/250 = 1.78 \times 10^5\,\text{N} = 178\,\text{kN}$$

（３）　ウェブコンクリートの斜め圧縮破壊に対する抵抗力は次式により算出できる。

$$V_{wc} = 1.25\sqrt{f_c'}\, b_w jd = 1.25\sqrt{f_c'}\, b_w \frac{7}{8}d$$

$$= 1.25 \times (24)^{1/2} \times 500 \times (7/8) \times 680 = 1.82 \times 10^6\,\text{N} = 1820\,\text{kN}$$

◎参考文献

1)　阪神高速道路HPより転載　http://www.hanshin-exp.co.jp/company/index.html
2)　MacGregor, J. G. : Reinforced Concrete, Mechanics and Design (3rd Edition), Prentice Hall, 1997
3)　Nawy, E. G. : Reinforced Concrete, A Fundamental Approach (4th Edition), Prentice Hall, 2000
4)　二羽淳一郎：コンクリート構造の基礎，数理工学社，2006
5)　田辺忠顕他：コンクリート構造，朝倉書店，1998
6)　土木学会：2017年制定 コンクリート標準示方書［設計編］，2018
7)　岡村甫：コンクリート構造の限界状態設計法（第2版），1991
8)　藤原忠司，張英華：基礎から学ぶ鉄筋コンクリート工学，技報堂出版，2003

第5章　せん断力を受ける鉄筋コンクリート部材●

9)　小林和夫：コンクリート構造学（第3版），森北出版，2002
10)　吉川弘道：第2版鉄筋コンクリートの解析と設計，丸善，2004
11)　横道英雄 他：鉄筋コンクリート工学（訂正2版），共立出版，1987

第2編
コンクリート構造物の変形とひび割れ

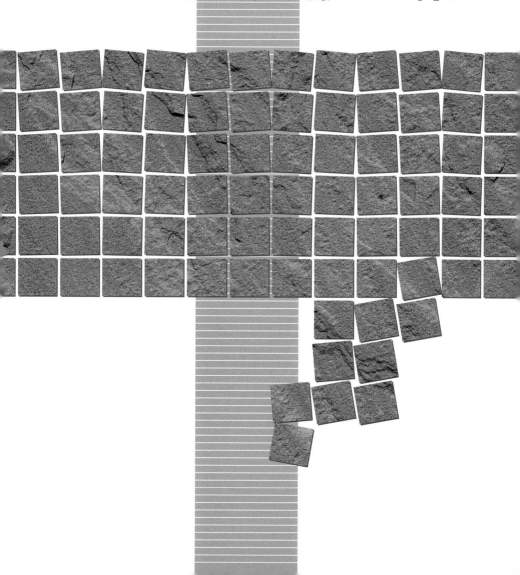

1　概　　説

コンクリートと鋼材で構成されるコンクリート構造物は，構成材料の性質あるいは性能が時間の経過に伴って変化するため，それに応じて構造物の性能は低下していく。とくに，1960年代から1970年代前半にかけて建設された構造物では，使用材料や施工法に起因する初期欠陥による劣化が，1970年代後半から顕在化し，塩害やアルカリシリカ反応による劣化現象が多く発生している。このような実態を改善するために，1980年代の前半から，コンクリートの耐久性を確保，向上させるため基準類の見直しが行われている。土木学会ではコンクリート標準示方書として2001年に「維持管理編」が制定され，設計編および施工編も2002年に性能照査型に改訂されている。さらに，2017年制定同示方書では，構造物の長寿命化および生産性向上と品質確保を考慮して，設計－施工－維持管理の各編の連係が図られている。

コンクリート構造物は，供用期間中，要求される水準の性能を確保するように設計・施工を行うことが求められている。しかし，材料的な性能の低下，使用条件の変化，地震などの影響により，建設時に有していたコンクリート構造物の性能が低下していく。劣化状態を調査し，性能を評価・判定する行為が「診断」であり，また，低下していく性能が，要求される水準を下回らないように維持する行為が「維持管理」である。

2　要求性能と維持管理

構造物の劣化の進行は，構造物建設時の初期条件はもとよりのこと，供用中の環境条件と維持管理条件にも大きく影響される。したがって，構造物が適切に維持管理されれば，供用年数の延伸を図ることができ，また得られる構造物の経年変化データは，更新・新設構造物の設計や施工の貴重な情報となる。

構造物の維持管理の目的は，供用期間中に本来その構造物が発揮すべき性能

(図-2.1) が損なわれないようにすることであり，性能の保持や向上のために，必要に応じて補修・補強の時期やその範囲・程度を決定することである．

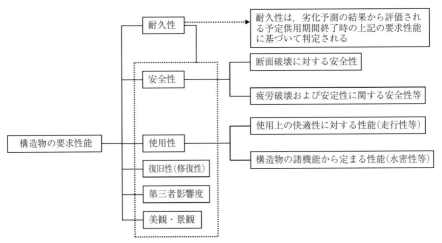

図-2.1 コンクリート構造物の要求性能（参考文献1）をもとに作成）

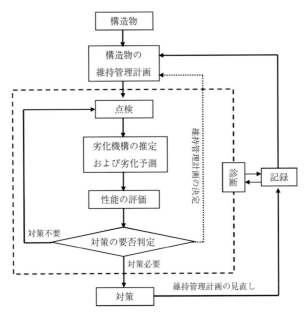

図-2.2 コンクリート構造物の維持管理の流れ[1]

3 構造物で発生する変状 ●

　一般的な維持管理の手順を図-2.2 に示す。維持管理行為は，点検・調査，劣化機構の推定，劣化の予測，評価，判定の「診断」と，その結果に基づく「対策」に分けられる。

　一般に，コンクリート構造物の劣化の進行には外的および内的の多くの要因が影響している。構造物の診断とは，変状を調査し，それをもとに構造物の安全性，使用性，復旧性（修復性），第三者影響度，美観・景観および耐久性の各項目について，性能に及ぼす影響を評価することである。医療における診察，処方箋の作成が，診断行為に相当している。さらに，診察の後に治療が行われるように，構造物の診断の結果，構造物の性能が低下していると判断された場合には，対策（補修・補強など）の必要性と方法等について検討を行うことになる。

　補修・補強の実施にあたっては，構造物の劣化状況やその安全性への影響度により緊急度を判断して対応する。解体・撤去や使用制限が必要な構造物の対策は，当然ながら緊急度が高く，応急的な処置を施しながら早急に対応する必要がある。

◎**参考文献**

1) 土木学会： 2017 年制定 コンクリート標準示方書［維持管理編］
2) 日本コンクリート工学会：コンクリート診断技術

3　構造物で発生する変状

▌3.1　変状の分類

　コンクリート構造物で発生する変状*には，図-3.1 に示すような豆板，コールドジョイント，ひび割れ，エフロレッセンスなどがある。これらの変状は，発生時期，発生原因および構造物の性能に及ぼす影響を考慮すると，図-3.2 に示すように4つに分類できる。

＊　変状：普通とは異なる状態。以前とはちがう状態。

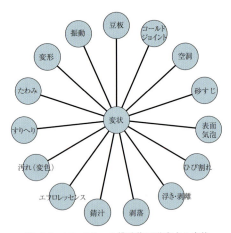

図-3.1 コンクリート構造物で発生する変状

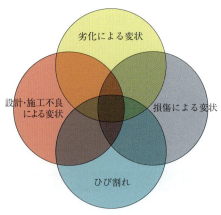

図-3.2 変状の分類

　一つは，設計・施工不良に起因して発生する変状，二つ目は，時間の経過に伴い初期の性能が低下して発生する変状，いわゆる「劣化」である。三つ目は，地震，台風，物体の衝突など予測できない事態により発生する「損傷」である。最後は，設計上で想定されていない構造的変化によるひび割れやひび割れ誘発目地のように設計・施工上で想定したひび割れである。

　コンクリートの診断は，原因分析であり，これは見方をかえると「変状の分析」となることから，原因分析は，つぎに示す4項目に関する分析となる。このよう

な観点から分析を行うと，変状原因が特定しやすくなる。
- 設計・施工不良原因
- 劣化原因
- 損傷原因（多くの場合，損傷原因は明らか，地震，火災，台風，水害など）
- ひび割れ原因

3.2 変状の種類と原因

（1） 豆　板

豆板は，打設されたコンクリートの一部に，セメントペースト，モルタルの廻りが悪く粗骨材が多く集まってできた空洞部である（図-3.3）。

図-3.3　豆板の事例

（2） 空　洞

空洞は，図-3.4に示すように，躯体内部のコンクリートが充てんされていない箇所である。トンネルの覆工コンクリート（図-3.4），PC構造物のシース管内（図-3.5）などで発生しやすい。発生原因は，材料分離の生じやすいコンクリートの使用，不適切な打設方法，締固め不足などである。

（3） コールドジョイント

コンクリートは，層状に打ち込むこと（打重ねという）が原則で，1層の高さは，使用する内部振動機の性能などを考慮して，40〜50 cm以下を標準としている。この際，層間を一体化するために，内部振動機を前の層内に挿入する必要

第2編　コンクリート構造物の変形とひび割れ

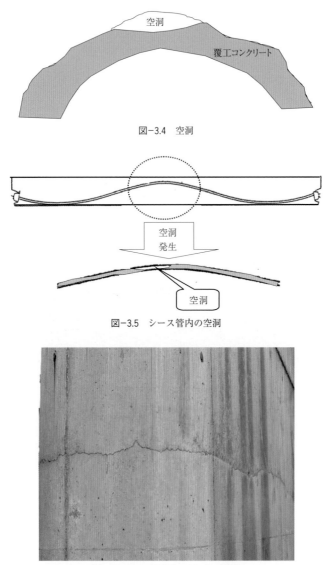

図-3.4　空洞

図-3.5　シース管内の空洞

図-3.6　コールドジョイントの事例

がある。打重ね時間間隔が長くなったり，締固めが不十分な場合には，層間が一体化しない状態が生じる。この状態が，コールドジョイントである。英語のコールドには，「準備のない」という意味があるが，コールドジョイントは予定して

いない打継目と理解できる。

　コールドジョイントの発生原因には，コンクリートの打設時期（打込み温度が高いか低いか）の配慮不足，凝結時間などを考慮した打込み計画がなされていないこと，締固め不足などがある。

（4）　砂すじ

　砂すじは，型枠に接するコンクリート表面に，コンクリート中の水分が分離して外部に流れ出す場合に生じ，コンクリート表面に細骨材が縞状に露出する現象である（図-3.7）。

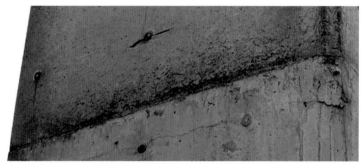

図-3.7　砂すじ

（5）　表面気泡

　表面気泡は，型枠に接するコンクリート表面に，コンクリート打込み時に巻き込んだ空気あるいはブリーディングが閉じ込められ，それらが型枠脱型後に露出し，硬化した現象である。空気あばたあるいは水あばたとも呼ばれている。

（6）　浮き・剥離，ポップアウト

　浮き・剥離は，図-3.8のように，鉄筋腐食によりコンクリートが押し出された現象である。

　ポップアウトは，図-3.9のように表層下の骨材の膨張で，骨材上部のコンクリートが押し出された跡のクレーター状のくぼみである。

図-3.8　浮き・剥離

図-3.9　ポップアウト

（7）　剥落

　剥落は，図-3.10に示すように，浮き・剥離により押し出されたコンクリート部が落ちたりあるいは欠損した状態である。

（8）　ひび割れ

　コンクリートに生ずるひび割れは，図-3.11に示すように，ひび割れに直交する方向の引張応力度が，コンクリートの引張強度を超えたときに発生する現象である。

（10）　錆　汁

　錆汁は，図-3.12に示すように，鉄筋腐食による腐食生成物が躯体内部を浸透した水とともに外部に流出し，水が蒸発し腐食生成物が固着した現象である。

3 構造物で発生する変状

図-3.10 剥落

図-3.11 ひび割れと引張応力度との関係

図-3.12 錆汁

(11) エフロレッセンス[2]

エフロレッセンスは，主要な水和生成物のひとつである水酸化カルシウム（$Ca(OH)_2$）が，躯体内を浸透した水に溶解して外部に流出し，空気中の炭酸ガスと反応して炭酸カルシウム（$CaCO_3$）を生成し，水が蒸発し$CaCO_3$が析出したものである。また，アルカリ成分は，空気中の炭酸ガスと反応し，アルカリ炭酸塩（Na_2CO_3など）やアルカリ硫酸塩（Na_2SO_4，K_2SO_4など）を生成する。

構造物の点検の際，エフロレッセンスを意味して使用されている遊離石灰は，エフロレッセンスとは異なるものである。遊離石灰は，結晶水を含まない石灰，あるいは，他と結合せずに，CaO単体の形で存在する酸化カルシウムであり，水と接すると急速に水和して$Ca(OH)_2$が生成される。遊離石灰が多いセメントを用いると，水酸化カルシウムが生成される際の体積膨張のために，セメント硬化体あるいはコンクリートが膨張することがある。

図-3.13 エフロレッセンス

(12) 汚れ（変色）

コンクリートの汚れは，表面の荒れ具合（表面気泡，ひび割れ，浮き，剥落，すりへり）に関するもの，表面の付着物（錆汁，エフロレッセンスなど）によるもの，コンクリートの変色によるものに分類できる。

図-3.14に汚れの事例を示す。

藻類やその死骸は，糖類やアミノ酸を含むため，これらを栄養源にして「かび」

図-3.14 汚れ

と称される真菌類が繁殖する。この微生物は死滅すると炭化して黒い汚れとなる。

　コンクリートの変色は，受熱温度を推定する際の目安としても使用される。コンクリートの変色状況と受熱温度との関係は，一般に，300℃未満はすすのみ付着，300～600℃ではピンク色，600～950℃で灰白色，950～1200℃で淡黄色，1200℃以上で溶融，といった変色が生じるとされている。

(13)　すりへり[2]

　コンクリートのすりへりには，車輌の走行による路面のすりへり，人や物の移動による床面のすりへり，水利構造物に見られる砂礫やキャビテーションによるすりへりなどがある。

　すりへりの進行は，3段階で表すことができる。第1段階は，表面に近い微粒子の多いモルタル層がすりへり，第2段階は，表層部（モルタル層）がすりへった後，粗骨材が露出し，粗骨材自体のすりへりが発生する。さらにすりへりが進行すると，粗骨材の剥離が発生する。

(14)　変位・変形

　コンクリート構造物，部材は，軸圧縮力，軸引張力，曲げモーメント，せん断力およびねじりモーメントが作用すると，それぞれ圧縮変形，引張変形，曲げ変形，せん断変形，およびねじり変形を生ずる。図-3.15にPC橋のクリープによ

第2編　コンクリート構造物の変形とひび割れ

写真提供：ローザンヌ工科大学 IS-BETON, B.F. Gardel
図-3.15　PC橋の変形

る変形事例を示す。

(15)　振　動

　構造物や部材の剛性が低下すると，固有振動数が減少する。一般に，固有振動数が大きくなると最大変位振幅が小さくなる。このことから，構造物が劣化して固有振動数が低下すると，その振幅が大きくなり，変位・変形が増大する。

4　劣化のメカニズム

　一般に，コンクリート構造物の劣化のメカニズムは，中性化，塩害，アルカリシリカ反応，凍害，化学的侵食，疲労，火災および風化・老化に分類されている[1]。

　各劣化メカニズムの概要を表-4.1に示す。一般に，コンクリート構造物の劣化は，表-4.1に示す8つの劣化メカニズムが単独あるいは複合で発生している。

　中性化，塩害，アルカリシリカ反応，凍害および化学的侵食の劣化のメカニズムは，現象的には，物理的な現象と化学的な現象とに分けて考えることができる。

表-4.1 コンクリート構造物の劣化メカニズム

劣化機構	機構の説明
1. 中性化 図-4.2 参照	硬化したコンクリートが空気中の炭酸ガスの作用を受けて次第にアルカリ性を失っていく現象。炭酸化と呼ばれることもある。
2. 塩害 図-4.3 参照	コンクリート中の塩化物イオンにより鋼材が腐食し、コンクリートにひび割れ、剥離、剥落などの変状を生じさせる現象。
3. アルカリシリカ反応 図-4.4 参照	アルカリとの反応性をもつ骨材が、セメント、その他のアルカリ分と長期にわたって反応し、コンクリートに膨張ひび割れ、ポップアウトを生じさせる現象。
4. 凍害 図-4.5 参照	凍結または凍結融解の作用によって、表面劣化、強度低下、ひび割れ、ポップアウトを生じさせる現象。
5. 化学的侵食	外部環境から供給される化学物質とコンクリート自体とが化学反応を起こすことによって生じる劣化現象。
6. 疲労	繰り返しの荷重作用を受けることで破壊に至る現象。
7. 火災 図-4.6 参照	コンクリートは、火熱を受けるとセメント硬化体と骨材とは、それぞれ異なった膨張収縮挙動をし、それによりコンクリートの組織が緩む。さらに、発生する熱応力によってひび割れが発生し、剥落。これが火災による劣化現象。
8. 風化・老化	通常の使用条件で、経年的にコンクリートが変質・劣化していく現象。

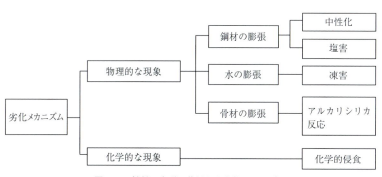

図-4.1 材料の変形に着目した劣化メカニズム

さらに、物理的な現象は、鋼材の腐食膨張に起因する現象、水の凍結膨張に起因する現象および骨材の膨張に起因する現象に分けられる。図-4.1に、材料（コンクリート、骨材、鋼材、水）の変形に着目した劣化メカニズムを示す。

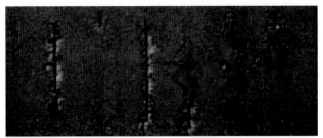

図-4.2 中性化による鉄筋腐食・露出

図-4.3 塩害による鉄筋腐食

図-4.4 アルカリシリカ反応によるひび割れ

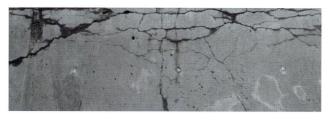
図-4.5 凍害による変状

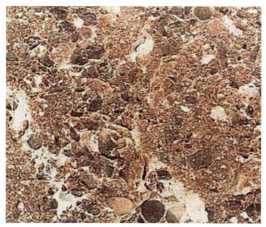
図-4.6 火災による変状

4.1 鋼材の腐食

　一般に，コンクリートはpH=12以上の高いアルカリ性を示す。このような高アルカリ環境では，鋼材表面に酸素が化学吸着し，さらに緻密な酸化物層が生じることで厚さ3nm程度の不動態皮膜が形成される。鋼材表面が不動態化することで，鋼材は腐食しにくい状態になる。これが，鉄筋コンクリートが成立する条件の一つでもある。しかし，コンクリートのpHが低下した場合，あるいは劣化因子がコンクリート中に浸透した場合には，この不動態皮膜が消失あるいは破壊される。これらの現象が「中性化」，「塩害」となる。

中性化：不動態皮膜が消失

　塩　害：不動態皮膜が塩化物イオンにより破壊

　不動態皮膜が消失あるいは破壊されるということは，鋼材が腐食条件下に置かれることになる。鋼材が腐食すると，鋼材が体積膨張する。つまり，鋼材の膨張

を引き起こす要因が，中性化および塩害となる。

鋼材の腐食メカニズムを図-4.7に示す。ミクロセル腐食は，アノード反応とカ

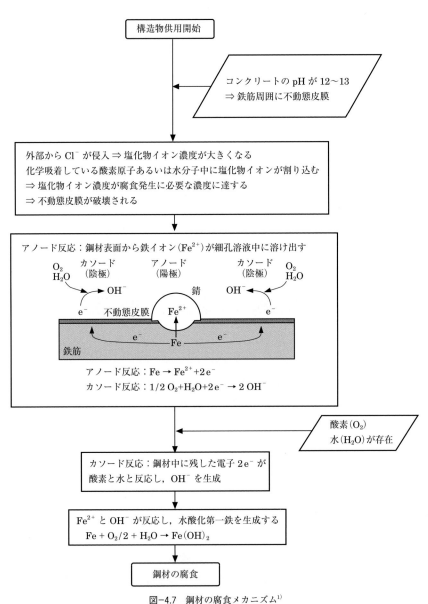

図-4.7 鋼材の腐食メカニズム[1]

ソード反応が鋼材の同位置で生じるものである。マクロセル腐食では，塩化物イオンが関係する場合にはこれらの反応がさらに離れた位置でも生じていると考えられている。

4.2 中性化（鋼材の膨張）

中性化による劣化のメカニズムを図-4.8に示す。コンクリート構造物内部に劣

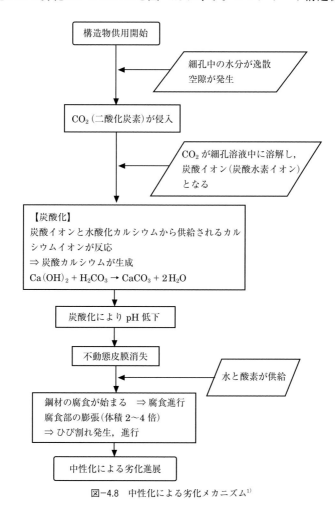

図-4.8 中性化による劣化メカニズム[1]

化因子（二酸化炭素）が，細孔中の水分が逸散した空隙に侵入する。

4.3 塩害（鋼材の膨張）

塩害（外部からの Cl^-）による劣化のメカニズムを図-4.9に示す。

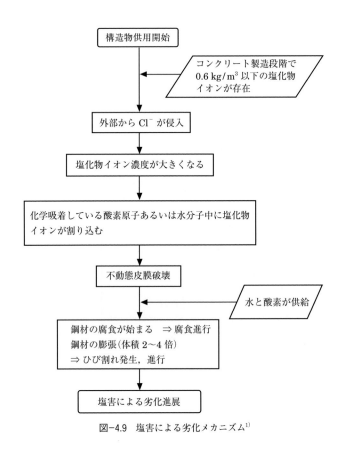

図-4.9 塩害による劣化メカニズム[1]

4.4　凍害（水の凍結膨張）

　水の膨張による劣化に凍害がある。凍害とは，コンクリート中の水分が0℃以下になった時の凍結膨張によって発生するもので，長年にわたる凍結と融解の繰り返しによってコンクリートが劣化する現象である。凍害の劣化メカニズムを図-4.10に示す。

4.5　アルカリシリカ反応（骨材の膨張）

　骨材の膨張による劣化にアルカリシリカ反応がある。アルカリシリカ反応によるコンクリートの異常膨張は，化学反応によって生成するアルカリシリカゲルの吸水反応に起因するものである。アルカリシリカ反応の劣化メカニズムを図-4.11に示す。

4.6　化学的侵食

　コンクリートが外部からの化学的作用を受け，セメント硬化体を構成する水和生成物が変質あるいは分解して結合能力を失っていく現象が，化学的侵食である。

（1）　酸による腐食

　セメント中の組成化合物（ケイ酸三カルシウム，ケイ酸二カルシウム，アルミン酸三カルシウム，鉄アルミン酸四カルシウム）は，水と反応して水和物（カルシウムシリケート水和物，水酸化カルシウム，エトリンガイト，モノサルフェート水和物，アルミン酸カルシウム水和物）を生成する。

　これらの水和物が，酸の作用によって分解する現象が酸による化学的侵食である。

　下水中に含まれる硫酸塩や含硫アミノ酸は，硫酸塩還元細菌（嫌気性細菌）によって還元され，硫化水素が生成される。この硫化水素が気相中に放散されると，イオウ酸化細菌（好気性細菌）によって酸化され，硫酸が生成される。この硫酸

第2編　コンクリート構造物の変形とひび割れ

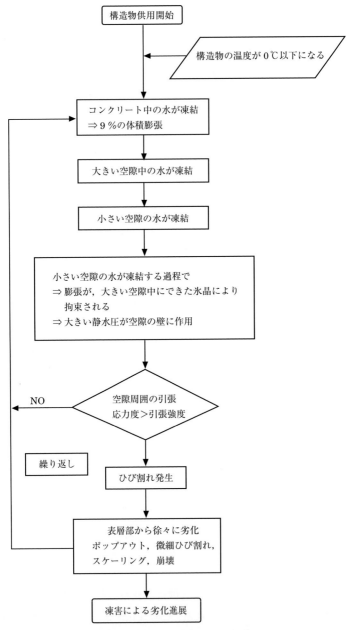

図-4.10　凍害の劣化メカニズム[2]

4 劣化のメカニズム

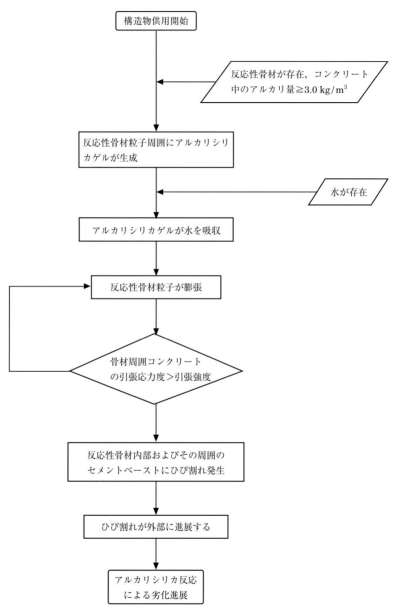

図-4.11 アルカリシリカ反応による劣化メカニズム[1]

第2編　コンクリート構造物の変形とひび割れ

がコンクリートを侵食する。

酸による化学的侵食の特徴として，以下に示すものが挙げられる。

① 侵食が躯体の表面から内部へ進行する。

② 反応により表層部のセメント硬化体が軟化し，硬化体の結合力が低下。

③ 表層部のセメント硬化体が脱落。

④ 骨材が露出。

⑤ 骨材を取り囲むセメント硬化体が脆弱化する。

⑥ 骨材が保持できなくなるために骨材の脱落が始まる。

⑦ これらの繰り返しにより，コンクリート断面が減少していく。

（2）　アルカリによる腐食

コンクリートそれ自体は強アルカリであり，アルカリに対する抵抗力はかなり大きい。しかし，非常に濃度の高い NaOH には侵食される。とくに，乾湿繰り返しがある場合には，劣化が激しくなる。

（3）　塩類による腐食

塩類による化学的侵食の一つとして，硫酸塩による腐食がある。海水作用による侵食は，硫酸塩によるもので，硫酸塩としては，ナトリウム，カルシウム，マグネシウムなどがある。これらの硫酸塩が水酸化カルシウム（$Ca(OH)_2$）と反応して，二水セッコウを生成し，さらにアルミン酸三カルシウム（C_3A）と反応してエトリンガイトを生成し著しい膨張を引き起こす。

◎参考文献

1)　日本コンクリート工学会：コンクリート診断技術

2)　長谷川 寿夫，藤原 忠司：コンクリート構造物の耐久性シリーズ　凍害，技報堂出版，1988

5　発生しやすい変状

コンクリート構造物は，施工段階，その後の供用段階で図−3.1 に示したような

5　発生しやすい変状

表-5.1　施工段階における変状と発生要因との関連

変状・損傷が生じる時期や要因／変状・損傷	製造・施工の段階								
	配合	製造	運搬	型枠工事	鉄筋工事	打込み	締固め	仕上げ	養生
ひび割れ	○	△	△	○	○	○	○	○	
剥離				○		△	△	△	
豆板	○		△		△	○	○		
コールドジョイント		○				○	○		
砂すじ	○			○					○
気泡・水泡	○			○			○	△	
角落ち				○	△				○
強度不足	○		○				△		○
かぶりコンクリートの浮き・剥離	○			△		○			○

凡例　○：関連あり，△：関連弱い

表-5.2　供用段階における変状と発生要因との関連

変状・損傷を発生させる要因／変状・損傷	完　成　後									
	塩害	中性化	アルカリシリカ反応	凍害	化学的侵食	疲労	過荷重	熱の作用	不同沈下	地震力
ひび割れ	○	○	○	○	○	○	○	○	○	○
剥離	○	○	○	○	○	△	○	△	△	△
剥落・角落ち	○	○	○	○	○	△	○	△	△	△
鋼材腐食	○	○	△		○	△				
鋼材破断	△	△	○		○	○	○		△	
錆汁	○	○	△		○	△				
鋼材露出										
漏水						△	△	○	△	△
材料品質低下	△		○	○						
変位・変形	△	△	○			△	○	△	△	○

凡例　○：関連あり，△：関連弱い

143

第 2 編　コンクリート構造物の変形とひび割れ

さまざまな変状が発生する。

　コンクリートの施工段階で発生する変状は，コンクリート工事の施工プロセスと関連づけられる。コンクリートの施工プロセスは，**表-5.1** に示すように，配合計画，製造，運搬，型枠・支保工，鉄筋工，打込み，仕上げ，および養生である。同表には関連度合が大きいものに○印，関連度合が小さいものに△印が付けてある。これからわかるように，ひび割れがすべての施工プロセスと関連があり，ひび割れが施工段階で最も発生しやすい変状であることが理解できる。

　つぎに，コンクリート構造物の供用段階で発生する変状と発生要因との関連を**表-5.2** に示す。同表からわかるように，ひび割れ現象はすべての劣化・損傷要因と関連している。このことは，劣化・損傷により発生する現象は，ほとんどひび割れを伴うことを意味している。つまり，コンクリート構造物の診断は，ひび割れ現象に着目し，ひび割れ原因を究明することと解釈できる。

コラム　地域の橋はみんなで守る：現代の普請

　近年，高度経済成長期に集中整備されたインフラの一斉老朽化が社会問題となっている。このうち，とくに深刻なのが地域の市町村で管理する橋梁である。今後過疎化が進み，財政力，技術力の乏しい自治体においては技術者のみならず，住民の力も借りた橋のメンテナンスが必要と思われる。虫歯予防を例にとれば，医療行為に相当する高度なメンテナンスは技術者が担う必要があるが，歯磨きに相当する簡易なメンテナンスであれば技術力のない住民でも十分に可能である。例えば，橋は水の作用により，直接的・間接的に劣化するため，排水枡の清掃や堆積土砂の撤去，欄干の塗装などを行えば，橋が長持ちすることになる。何よりこうした行為を住民自らが行うことにより，インフラに対しこれまで無関心だった意識が，関心や愛着へと変わることが期待される。

　このような構想を実現するため，福島県郡山市にある日本大学工学部では，住民でも実施可能な橋の簡易橋梁点検チェックシートを考案した。5年に1回の近接目視点検とは別に，橋の日常の状態を把握するためのものである。点検項目は，住民の安全性を考え橋の上面に絞り，橋面の堆積土砂，排水口のつまり，高欄のさびの有無やその程度などに限定している。住民が記入したチェックシートは大学で回収，10段階で評価し，歯磨きの必要性が高いものを赤や橙などの暖色系，低いものを緑や青の寒色系で表し，ウェブの地図上にプロットすることで，自治体ごとに現在の橋の状態を把握することができる。住民にこの地図を公開することで，次に歯磨きを行う橋を主体的に選択することが可能となる。住民用に開発した橋のセルフメンテナンスモデルだが，近年では，工業高校の生徒や自治体のインハウスエンジニアにも活用されており，全国各地に広まりつつある。学はインフラの現状と将来像を適切に伝え，官や産は責任をもってインフラの維持管理にあたり，民は当事者意識をもって自分たちの身の回りのインフラを手入れする。大切なのは産学官民の信頼関係である。

　そもそも普請（ふしん）は，字の如く「普（あまね）く　請う」ということで，奈良平安の頃から，仏閣神閣の作事，また道路・架橋工事など，住民総出で行う公共事業や共同作業の意に用いられるようになり，さらに広く土木工事そのものにも使われるようになった。上記の取組みは，まさに普請の原点回帰であり，この日大郡山モデルの全国展開が期待される。

6 ひび割れの発生原因

コンクリートは圧縮力に対する抵抗力は強いが，引張りに対しては弱い性質を有している。このことから，鉄筋コンクリートは，圧縮力をコンクリートに分担させ，引張力は鉄筋に分担させる考え方で成立している。

コンクリートは引張りに対する抵抗力が小さいため，さまざまな要因で発生する引張応力によってひび割れが発生する。

コンクリート構造物の施工段階から供用段階で発生するひび割れのイメージを図-6.1に示す。同図には，コンクリート構造物を構成する部材，柱，はり，壁，スラブ，底版などで発生する，代表的なひび割れが示されている。それらのひび割れをコンクリート硬化前と硬化後を基準にして分類した発生原因図を図-6.2に，また時系列でひび割れを整理したものが表-6.1である。図-6.1中のアルファベットは，図-6.2と表-6.1中のアルファベットと対応している。

一般に，コンクリート構造物で発生するひび割れ原因は，つぎに示す5つの要因に分類されている[2]。

A：材料に関連する要因
B：施工に関連する要因

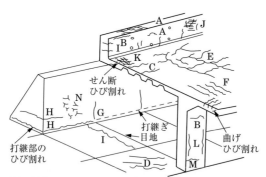

注）図中のアルファベットが表-6.1に対応
図-6.1 コンクリート構造物で発生するひび割れ[1]

6　ひび割れの発生原因●

表-6.1　コンクリート構造物で発生するひび割れ原因[1]

ひび割れの分類	記号	小 分 類	発生しやすい場所	主 な 原 因	2次的原因	主な対策	発生時期
沈下ひび割れ	A	鉄筋の上方	厚い断面	過剰なブリーディング	初期の急速な乾燥	①ブリーディングの低減 ②再振動	10分〜3時間
	B	アーチング	柱の上				
	C	断面の変化部	谷間やワッフルスラブ				
プラスティック収縮	D	斜め	舗装やスラブ	初期の急速な乾燥	遅いブリーディング	初期養生の改善	30分〜6時間
	E	ランダム	鉄筋コンクリートスラブ				
	F	鉄筋上方	鉄筋コンクリートスラブ	初期の急速な乾燥さらに表面近傍に鉄筋あり			
初期から長期の温度収縮	G	外部拘束	厚い壁	過大な発熱	急速な冷却	①発熱の低減 ②断熱	1〜2日から数か月
	H	内部拘束	厚いスラブ	過大な温度こう配			
長期の乾燥収縮	I		薄いスラブ	不適切な配置の目地	過大な乾燥不適切な養生	①単位水量の低減 ②養生の改善	数週間〜数か月
亀甲状	J	型枠面	きれいなコンクリート面	不透水性型枠	富配合，養生不足	養生，仕上げの改善	1〜7日たまにその後もある
	K	浮いたコンクリート	スラブ	過剰仕上げ			
鉄筋の腐食	L	自然	柱，桁	かぶり不足	低品質のコンクリート	原因を取り除く	1〜2年以上
	M	塩化物	プレキャスト	過剰な塩化物			
アルカリシリカ反応	N		湿潤な場所	反応性骨材さらに高アルカリセメント		原因を取り除く	5年以上

Ｃ：使用環境に関連する要因

Ｄ：構造・外力に関連する要因（設計に関連する要因）

Ｅ：その他

このように，材料，施工，使用環境および設計に着目して，ひび割れ原因を分

147

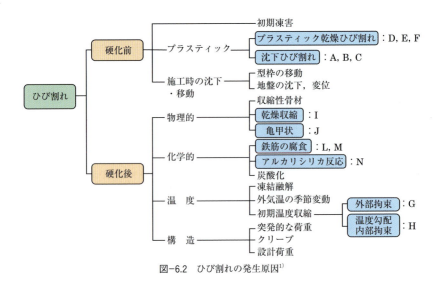

図−6.2 ひび割れの発生原因[1]

類している。

◎参考文献

1) Concrete Cracks-causes and cares, WORLD OF CONCRETE '92 セミナー, 1992
2) 日本コンクリート工学会：コンクリートのひび割れ調査，補修・補強指針−2013−, 2013.4

7　ひび割れと応力

　ひび割れは，第3章図−3.11のようにコンクリートに発生する引張応力度が，コンクリートの引張強度を超えたときに，その引張応力度の作用方向と直交する方向に発生する。

　コンクリートはりに発生する最大引張応力度（主応力度）は，図−7.1のモールの応力円に示すように，はりの材軸方向の垂直応力度を σ_x，材軸に直交する方向の垂直応力度 σ_y，およびせん断応力度を τ_{xy} とすると，次式で得られる。

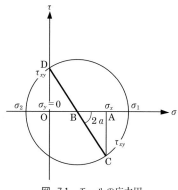

図-7.1　モールの応力円

$$\sigma_1 = \left(\frac{\sigma_x + \sigma_y}{2}\right) \pm \sqrt{\left(\frac{\sigma_x - \sigma_y}{2}\right)^2 + \tau_{xy}^2}$$

$$\tan 2\alpha = \frac{2\tau_{xy}}{(\sigma_x - \sigma_y)}$$

ここに，σ_1, σ_2：主応力度
　　　　σ_x：材軸方向の垂直応力度
　　　　σ_y：材軸と直交方向の垂直応力度
　　　　τ_{xy}：せん断応力度

8　ひび割れと変形

　第7章ではひび割れ発生を応力度との関係から説明したが，ここでは，変形との関係から，ひび割れ発生を説明する。

　断面力には，軸力，曲げモーメント，せん断力およびねじりモーメントの4種類がある。これらの断面力と変形との関係を図-8.1に示す。同図に示すように，軸力は軸圧縮力と軸引張力の2つがあるので，断面力は5種類に分けられる。

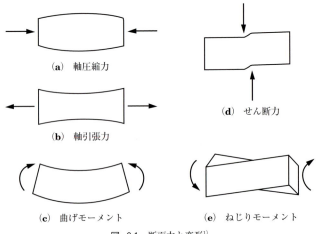

図-8.1　断面力と変形[1]

8.1　軸　変　形

軸力により発生する変形で，圧縮変形と引張変形の2つがある。

（1）　圧縮変形とひび割れ

図-8.2に示すように，円柱の供試体に圧縮力Pを載荷すると，供試体は軸方

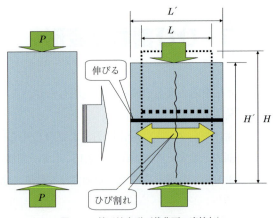

図-8.2　軸圧縮変形（載荷面の摩擦無）

向に圧縮変形が生じる。ただし，このケースでは，載荷板と供試体との間の摩擦力はほぼ0と仮定する。

　載荷前：高さH，直径L
　載荷後：高さH'，直径L'
　載荷前後の長さ変化：高さ$H-H'=\Delta H$，直径$L'-L=\Delta L$

　高さは短くなり，直径が大きくなる。このような変形を発生させるためには，高さ方向に圧縮し，また直径方向に引っ張らなければならない。つまり，高さ方向に圧縮力，直径方向に引張力が作用することになる。このときの軸方向ひずみと直角方向ひずみの絶対値の比が，ポアソン数（その逆数がポアソン比$\nu=1/5\sim1/6$）である。

　この引張力により発生する引張応力度がコンクリートの引張強度を超えたときにひび割れが発生する。ひび割れの発生例を図-8.3に示す。

　圧縮力Pを載荷したときに，載荷板と供試体との間の摩擦力がある場合には，図-8.4のような変形を呈する。

　曲率を無視すると，要素の変形は図-8.5に示す菱形の変形となる。したがって，$A'C'$の方向に引張応力が発生し，引張強度を超えたときにそれに直交する方向にひび割れが発生する。

図-8.3　圧縮変形によるひび割れ

第 2 編　コンクリート構造物の変形とひび割れ

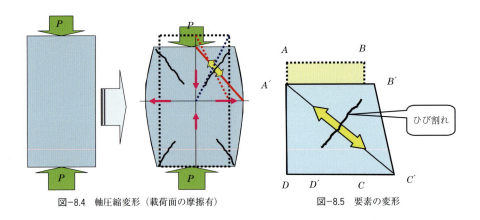

図−8.4　軸圧縮変形（載荷面の摩擦有）　　　　図−8.5　要素の変形

（2）　引張変形とひび割れ

図−8.6 に示す，円柱の供試体に圧縮力 P を線載荷すると，供試体は水平方向に引張変形が生じる。

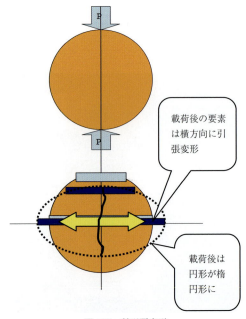

図−8.6　軸引張変形

供試体断面は，載荷前の円形断面から楕円断面に変形する。図中に示した要素は，縦方向に圧縮され，横方向に引張変形となる。したがって，水平方向に引張応力が発生し，引張強度を超えたときにそれに直交する方向にひび割れが発生する。

8.2 曲げ変形

曲げ変形を考える場合には，平面保持の仮定が基本になる。平面保持の仮定は，はりの軸に直角な平面（断面）は曲げを受けて変形した後も平面を保つとするものである。

（1） 単純ばり

単純ばりのスパン中央に集中荷重 P が作用したときの変形を，図-8.7に示す。荷重 P により，はりは下に凸の曲げ変形となる。中立軸は載荷前後で長さが変化しないため，曲率半径が中立軸より小さい $A'B'$ は，AB よりも短くなり，曲率半径が大きい $C'D'$ は CD よりも長くなる。

載荷前後：$AB > A'B'$，NN は変化なし，$CD < C'D'$

このことから，中立軸よりも上側は圧縮変形，また下側は引張変形になる。したがって，引張変形側にひび割れが発生する。

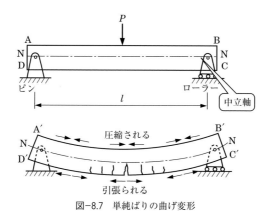

図-8.7 単純ばりの曲げ変形

(2) 両端固定ばり

両端固定ばりのスパン中央に集中荷重 P が作用したときの変形を，図-8.8に示す。荷重 P により，はりは下に凸の曲げ変形となる。中立軸の位置で変形を見ると，スパン中央部では下に凸，また反曲点から固定端側は上に凸の変形となる。それぞれの区間で曲率半径が中立軸より小さい側は圧縮，曲率半径が大きい側が引張となる。

このことから，固定端側は上側が引張変形，下側が圧縮変形を呈す。また，スパン中央部では，上側が圧縮変形，下側が引張変形となり，ひび割れは引張変形側に発生する。

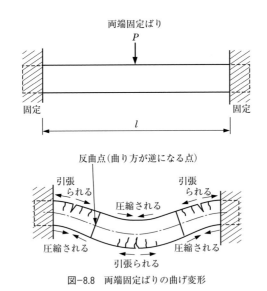

図-8.8　両端固定ばりの曲げ変形

(3) 片持ばり

片持ばりのスパン中央に集中荷重 P が作用したときの変形を，図-8.9に示す。荷重 P により，はりは上に凸の曲げ変形となる。曲率半径が中立軸より大きい $A'B'$ は，AB よりも長くなり，曲率半径が小さい $C'D'$ は CD よりも短くなる。

このことから，固定端側は上側が引張変形，下側が圧縮変形となり，ひび割れは引張変形側の固定端部に発生する。

8 ひび割れと変形

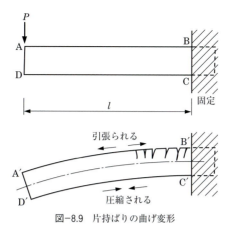

図−8.9 片持ばりの曲げ変形

8.3 せん断変形

図−8.10のように，剛な部材に力が作用した場合，部材は同図に示すようなせ

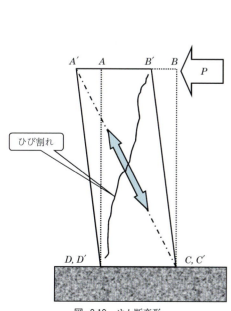

図−8.10 せん断変形

図−8.11 せん断変形によるひび割れ

ん断変形を呈す。変形後は菱形となることから，変形後の対角線 $A'C'$ は変形前の AC よりも長くなり，逆に $B'D'$ は短くなる。

このことから，$A'C'$ 方向に引張変形，$B'D'$ 方向が圧縮変形になり，$A'C'$ と直交する方向にひび割れが発生する。

8.4 ねじり変形

図−8.12のように，剛な部材にねじり力が作用した場合，部材は同図に示すようなねじり変形を呈す。変形後の要素は菱形となることから，変形後の対角線 $A'C'$ は変形前の AC よりも長くなり，逆に $B'D'$ は短くなる。

このことから，$A'C'$ 方向に引張変形，$B'D'$ 方向が圧縮変形になり，$A'C'$ と直交する方向にひび割れが発生する。

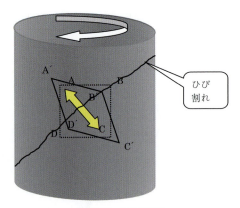

図−8.12 ねじり変形

◎参考文献
1) 日本コンクリート工学会：コンクリート技術の要点 '06

9 施工とひび割れ

施工段階で発生するひび割れの発生要因は、施工工程でみると、配合選定、運搬（場外、場内）、鉄筋工、型枠・支保工、打込み、締固め、仕上げおよび養生にある。これらの要因により発生するひび割れを、変形と関連づけると、図−9.1のように整理できる。

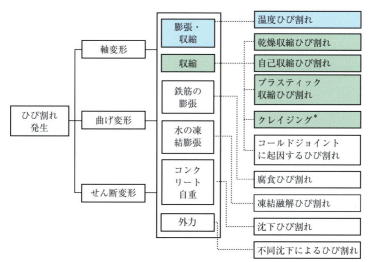

* クレイジングは、断続的（亀甲状に発生する場合もある）な表面ひび割れで、深さはせいぜい表面から1mm程度である。このひび割れは、通常、仕上げと養生が不十分な結果として発生する。とくに、表面とコンクリート内部との間に湿度の差が大きいときに発生しやすく、型枠表面が滑らかで浸透性のない場合、あるいはコンクリートにコテをかけすぎたときに発生しやすい。

図−9.1 施工段階で発生するひび割れ

9.1 温度ひび割れ

施工段階で発生するひび割れの50％以上は、温度ひび割れである。図−9.2に示すような壁状のマスコンクリートを施工する場合に、発生しやすいひび割れである。このようなことから、土木学会の2002年制定 コンクリート標準示方書

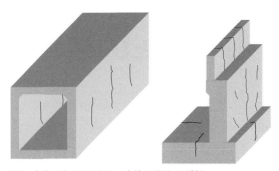

注） 赤線が表面ひび割れ，青線が貫通ひび割れ。
図-9.2 マスコンクリートのひび割れ発生例

［施工編］では，下端が拘束された壁では厚さ50 cm，また広がりのあるスラブでは厚さ80〜100 cm以上をマスコンクリートとしてひび割れ照査を行うように規定している。

（1） 温度応力

図-9.3(**a**) に示す任意形断面の部材において，図-9.3(**c**) のように高さ方向に温度が変化する場合のひずみと応力を考える。最初に図-9.3(**b**) の部材を図-9.4

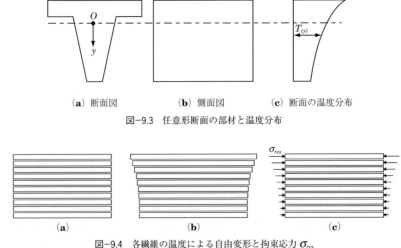

(**a**) 断面図　　(**b**) 側面図　　(**c**) 断面の温度分布
図-9.3 任意形断面の部材と温度分布

図-9.4 各繊維の温度による自由変形と拘束応力 σ_{res}

（**a**）のように水平軸に平行な繊維に切り離すと各繊維は温度分布に比例して図-9.4（**b**）のように伸び，各繊維において仮想の自由ひずみ ε_f が生じる。

$$\varepsilon_f = \alpha_t T \tag{9.1}$$

ここで，$T = T(y)$ は，基準点 O からの距離 y の繊維における温度であり，α_t は熱膨張係数である。

もし，このひずみを拘束する（各繊維を元の長さにもどす）ならば，図-9.4（**c**）のように，各繊維の伸びに応じた拘束応力 σ_{res} を作用させることになる。

$$\sigma_{res} = -E\varepsilon_f = -E\alpha_t T \tag{9.2}$$

ここで，E は弾性係数であり，断面全体で一定とする。

この拘束応力の合力は，基準点 O における軸力 ΔN と曲げモーメント ΔM によって表すことができる。

$$\Delta N = \int \sigma_{res} dA \tag{9.3}$$

$$\Delta M = \int \sigma_{res} y dA \tag{9.4}$$

式（9.2）を式（9.3）と式（9.4）へ代入して

$$\Delta N = -\int E\varepsilon_f dA \tag{9.5}$$

$$\Delta M = -\int E\varepsilon_f y dA \tag{9.6}$$

拘束応力 σ_{res} の作用により，各繊維が同じ長さとなるので，各繊維を元のように貼り合わせる。次に，温度分布 $T(y)$ による応力を求めるためには，上記の拘束応力を解除すればよい。すなわち基準点 O で，大きさが等しく符号が反対の軸力 $-\Delta N$ と曲げモーメント $-\Delta M$ を作用させることである。この拘束応力の解除により断面に生じる軸ひずみ $\Delta\varepsilon_0$ と曲率 $\Delta\psi$ は，式（9.7）により得られ，応力 $\Delta\sigma$ は式（9.8）から求められる。

$$\left\{ \begin{matrix} \Delta\varepsilon_0 \\ \Delta\psi \end{matrix} \right\} = \frac{1}{E(AI-B^2)} \begin{bmatrix} I & -B \\ -B & A \end{bmatrix} \left\{ \begin{matrix} -\Delta N \\ -\Delta M \end{matrix} \right\} \tag{9.7}$$

$$\Delta\sigma = E(\Delta\varepsilon_0 + \Delta\psi y) \tag{9.8}$$

ここで，A，B および I は，断面積，基準点 O を通る軸についての断面 1 次

モーメントおよび断面2次モーメントである。基準点Oが断面の図心であるとき，$B = 0$ であるので，式(9.7) は次のようになる。

$$\begin{Bmatrix} \Delta\varepsilon_0 \\ \Delta\psi \end{Bmatrix} = \begin{Bmatrix} -\dfrac{\Delta N}{EA} \\ -\dfrac{\Delta M}{EI} \end{Bmatrix} \tag{9.9}$$

温度変化により実際に生ずる応力 σ は σ_{res} と $\Delta\sigma$ の和となる。つまり，式(9.2)と式(9.8) より

$$\sigma = E(-\varepsilon_f + \Delta\varepsilon_0 + \Delta\psi y) \tag{9.10}$$

以上の式(9.1) から式(9.10) は，2種類以上の材料からなる合成断面の温度応力および収縮応力の計算にも適用できる。そのとき，断面諸量 A，B および I は，基準となる弾性係数 E_0 を選び，換算断面に基づいて計算する。

プレストレストコンクリート構造物において，コンクリートのクリープ，乾燥収縮，そしてPC鋼材のリラクセーションによりプレストレス力が減少する。すなわち，コンクリート，鉄筋およびPC鋼材の応力は，クリープ，乾燥収縮およびリラクセーションの進行に伴い，経時的に変化する。このような材齢とともに変化する応力も，上記の温度応力解析と同様のステップにより計算ができる。

[例1]　部材の高さ方向に対し，m 次放物線状の温度変化（図-9.5）を受ける矩形断面部材の軸ひずみ，曲率および応力分布を計算する。

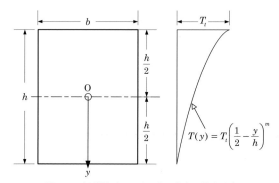

図-9.5　矩形断面における高さ方向の温度分布

【解】

基準点 O を断面の図心に選ぶと，温度ひずみは，式(9.1) より

$$\varepsilon_f = \alpha T(y)$$

$$= \alpha T_t \left(\frac{1}{2} - \frac{y}{h} \right)^m$$

拘束応力は，式(9.2) より

$$\sigma_{res} = -E\varepsilon_f = -E\alpha T(y)$$

式(9.5) より

$$\Delta N = -E\alpha \int_{-h/2}^{h/2} \{ T(y) \cdot b \} dy = -E\alpha b \int_{-h/2}^{h/2} T_t \left(\frac{1}{2} - \frac{y}{h} \right)^m dy$$

$$= -\frac{\alpha T_t E b h}{m+1}$$

式(9.6) より

$$\Delta M = -E\alpha \int_{-h/2}^{h/2} \{ T(y) \cdot b \cdot y \} dy = -E\alpha b \int_{-h/2}^{h/2} T_t \left(\frac{1}{2} - \frac{y}{h} \right)^m y dy$$

$$= \frac{\alpha T_t E m b h^2}{2(m+1)(m+2)}$$

$$\therefore \left\{ \begin{array}{c} \dfrac{\Delta N}{\Delta M} \end{array} \right\} = \alpha T_t E \left\{ \begin{array}{c} -\dfrac{bh}{m+1} \\[3mm] \dfrac{mbh^2}{2(m+1)(m+2)} \end{array} \right\}$$

$A = bh,\ B = 0,\ I = bh^3/12$ および式(9.9) より

$$\left\{ \begin{array}{c} \dfrac{\Delta\varepsilon_0}{\Delta\psi} \end{array} \right\} = \left\{ \begin{array}{c} -\dfrac{\Delta N}{EA} \\[3mm] -\dfrac{\Delta M}{EI} \end{array} \right\}$$

$$\left\{ \begin{array}{c} \dfrac{\Delta\varepsilon_0}{\Delta\psi} \end{array} \right\} = \left\{ \begin{array}{c} \dfrac{\alpha T_t}{m+1} \\[3mm] -\dfrac{\alpha T_t}{h} \cdot \dfrac{6m}{(m+1)(m+2)} \end{array} \right\}$$

第2編　コンクリート構造物の変形とひび割れ

式 (9.10) より

$$\sigma = E\left\{-\alpha T_t\left(\frac{1}{2}-\frac{y}{h}\right)^m + \frac{\alpha T_t}{(m+1)} - \frac{\alpha T_t}{h}\cdot\frac{6m}{(m+1)(m+2)}y\right\}$$

$$= E\alpha T_t\left\{-\left(\frac{1}{2}-\frac{y}{h}\right)^m + \frac{1}{(m+1)} - \frac{6m}{(m+1)(m+2)}\cdot\left(\frac{y}{h}\right)\right\}$$

[例2]　図-9.5のような幅 $b=1\,\mathrm{m}$，高さ $h=1\,\mathrm{m}$ の矩形断面において，温度分布 $T(y)$ が $T(y)=T_t\left(\dfrac{1}{2}-\dfrac{y}{h}\right)^3$ のとき，軸ひずみ，曲率および応力分布を計算せよ。ただし，$T_t=30\,℃$，$E=2.5\times10^4\,\mathrm{N/mm^2}$，$\alpha=10\times10^{-6}/℃$ とする。

【解】

温度ひずみ ε_f は，温度変化 $T(y)$ および熱膨張係数 α より

$$\varepsilon_f = \alpha T(y) = 30\times10\times10^{-6}\left(\frac{1}{2}-\frac{y}{h}\right)^3$$

拘束応力 σ_{res} は，弾性係数 E および温度ひずみ ε_f から

$$\sigma_{res} = -2.5\times10^4\times300\times10^{-6}\left(\frac{1}{2}-\frac{y}{h}\right)^3\,\mathrm{N/mm^2}$$

また，軸ひずみ $\Delta\varepsilon_0$，曲率 $\Delta\psi$ および応力 σ は，式 (9.9) および式 (9.10) より

$$\Delta\varepsilon_0 = 75\times10^{-6}$$

$$\Delta\psi = -270\times10^{-9}\,/\mathrm{m}$$

$$\sigma = \sigma_{res} + E(\Delta\varepsilon_0 + \Delta\psi y)$$

$$= -7.5\times\left(0.5-\frac{y}{h}\right)^3 + 2.5\times10^4(75-0.27y)\times10^{-6}\,\mathrm{N/mm^2}$$

これより，$\Delta\sigma$ が図-9.6(**d**) のように得られ，温度応力は図-9.6(**b**) と図-9.6(**d**) から図-9.6(**e**) のように得られる。

162

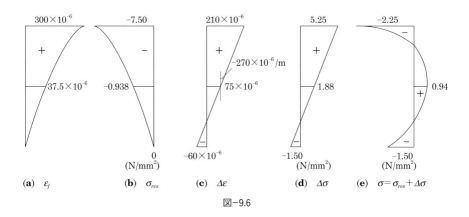

(a) ε_f　　(b) σ_{res}　　(c) $\Delta\varepsilon$　　(d) $\Delta\sigma$　　(e) $\sigma = \sigma_{res} + \Delta\sigma$

図-9.6

[2次応力の計算]

図-9.7は，単純桁において断面の高さ方向に線形あるいは非線形温度変化を受ける場合の支間中央のたわみと断面内に生じるひずみと応力を示している。

一方，連続桁においては中間支点において，変位が拘束されることになるので，不静定力が生じる。この不静定力により，2次応力が生じ，これに，先の部材断面に生じた温度応力を加えた全応力が断面における応力となる。

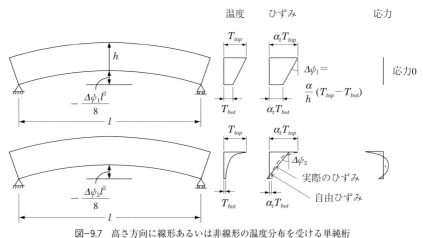

図-9.7　高さ方向に線形あるいは非線形の温度分布を受ける単純桁

[例3] 図-9.8(**a**)のような2径間連続桁がある。部材断面は例2と同じであり，桁全長にわたり一定の温度変化を受け，曲率を $\Delta\psi = -270 \times 10^{-6}/m$ とする。中間支点Bにおける応力を計算せよ。ただし，支間を $l = 5$ m，曲げ剛性を EI とする。

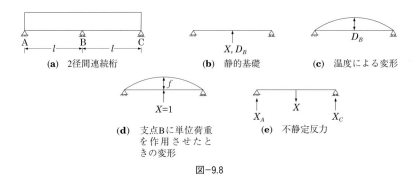

図-9.8

【解】

温度変化にともなう不静定反力を求める。中間支点Bを取り除き，静定基本系とする（図-9.8(**b**)）。

静定基本系において，温度分布による支点Bでのたわみ D_B を求める（図-9.8(**c**)）。

$$D = -\frac{\Delta\psi(2l)^2}{8}$$
$$= -\frac{-270 \times 10^{-6} \times (2 \times 5)^2}{8}$$
$$= 3.375 \times 10^{-3} \text{ m}$$

一方，静定基本系の支点Bに単位荷重 $X = 1$ が作用したときの支点Bでのたわみ係数 f を求めると（図-9.8(**d**)），

$$f = \frac{X \times (2l)^3}{48 EI}$$
$$= \frac{1 \times (2 \times 5)^3}{48 \times 25 \times 10^6 \times \frac{1 \times 1^3}{12}}$$

$$= 10.0 \times 10^{-6} \, \text{m/kN}$$

支点 B における適合条件式は次式で与えられる。

$$D + fX = 0$$

したがって不静定力 X は

$$X = -\frac{D}{f} = -\frac{3.375 \times 10^{-3}}{10.0 \times 10^{-6}} = 337.5 \, \text{kN}$$

これより，支点 A および C における反力は $X_A = X_C = 168.8 \, \text{kN}$ であり，支点 B における曲げモーメント ΔM は $\Delta M = X_A \cdot l = 168.8 \times 5 = 884 \, \text{kN·m}$。

支点 B において，不静定力による軸ひずみおよび曲率は

$$\begin{Bmatrix} \Delta\varepsilon_0 \\ \Delta\psi \end{Bmatrix} = \begin{Bmatrix} \dfrac{\Delta N}{EA} \\ \dfrac{\Delta M}{EI} \end{Bmatrix} = \begin{Bmatrix} \dfrac{0}{25 \times 10^6 \times 1} \\ \dfrac{844}{25 \times 10^6 \times \dfrac{1}{12}} \end{Bmatrix} = \begin{Bmatrix} 0 \\ 405 \times 10^{-6} \, /m \end{Bmatrix}$$

不静定力による 2 次応力は

$$\sigma = E(\Delta\varepsilon_0 + \Delta\psi y) = 25 \times 10^3 (0 + 405 \times 10^{-6} \times y)$$

したがって，不静定力による 2 次応力が図-9.9(**b**) のように得られ，温度による全応力は先ほど例題 2 で求めた温度応力（図-9.9(**a**)）に図-9.9(**b**) を加え，図-9.9(**c**) のようになる。

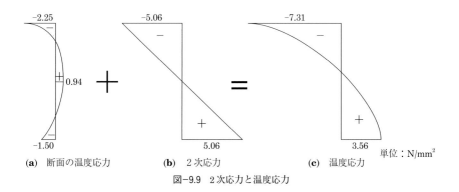

(**a**) 断面の温度応力　　(**b**) 2 次応力　　(**c**) 温度応力

図-9.9　2 次応力と温度応力

（2） 部材内の膨張・収縮差に起因する変形

部材内の膨張・収縮差に起因するひび割れは，軸変形と曲げ変形に起因する引張応力によるものである。

図-9.10(**a**)に示すように，部材内で温度分布が対象な放物線分布を呈している場合を想定する。(**b**)のように部材をいくつかの要素に切断したとすると，各要素はそれぞれの温度変化量に応じて伸縮する。しかし，実際には各要素は連続しているため，温度上昇段階では，温度変化量が小さい要素は，隣接する温度変化量の大きい要素と釣合うように引張変形を示す。結果として，(**c**)のような応力状態が発生し，表面部が引張応力，また中央部が圧縮応力状態となる。温度降下段階では逆の現象が生じる。

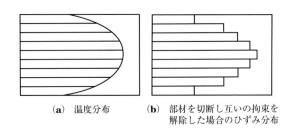

（**a**）温度分布　　（**b**）部材を切断し互いの拘束を
　　　　　　　　　解除した場合のひずみ分布

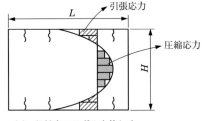

（**c**）部材内のひずみを等しく
　　した場合の拘束応力分布

図-9.10　部材内の温度差に起因する軸変形

（3） 部材が収縮する段階の変形

部材温度の降下に起因するひび割れは，軸変形と曲げ変形に起因する引張応力によるものである。

図-9.11 に示すように両端固定の部材温度が ΔT 降下したとする。この温度降下に伴い，両端が自由であれば，部材は（ΔT × 熱膨張係数（通常，10×10^{-6}/℃）× 部材長）収縮する。しかし，両端が固定されていることから，部材は収縮することができない。温度降下段階でつねに部材長が一定であることから，温度降下に伴う収縮量を常に戻す力が部材内に発生していることになる。つまり，部材内に部材を固定側に戻す引張力が発生していることになる。

この引張力による引張応力度が引張強度を超えたときにひび割れが発生する。図-9.12 に温度膨張・収縮変形で発生したひび割れ例を示す。

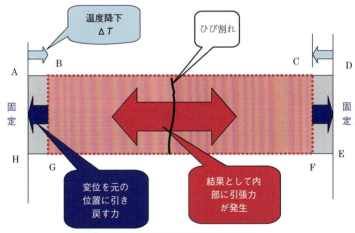

図-9.11　部材温度が降下する段階の変形

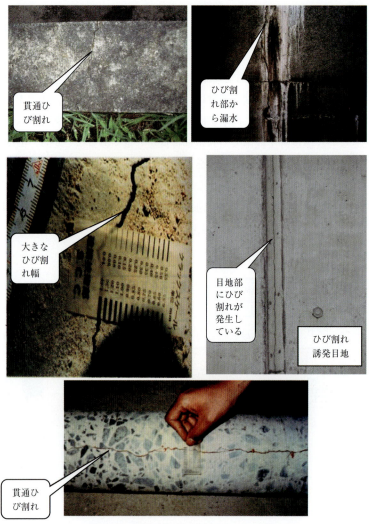

図-9.12 温度膨張・収縮変形によるひび割れ

9.2 コンクリートの自重による変形

　沈下ひび割れは，図-9.13に示すようにコンクリートの沈下を阻害する鉄筋などにより，沈下量が異なるために発生する変形によるものである。

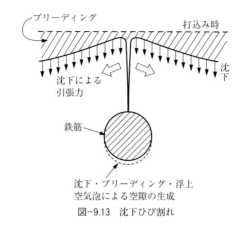

図-9.13 沈下ひび割れ

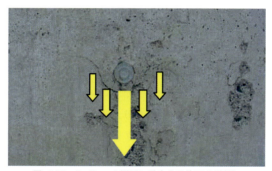

図-9.14 セパレータ周囲に発生する沈下ひび割れ

　沈下ひび割れの2つ目のパターンは，図-9.14に示すように，セパレータ周囲に発生するものである。この現象は，ポンプ施工の普及に伴い増加している。
　これは，セパレータ下部の沈下量が，セパレータの両側部に比べて大きくなるため，下向きの軸変形に起因して発生する。

9.3 鉄筋の拘束による変形

　鉄筋の拘束によるコンクリートの乾燥収縮に起因するひび割れは，軸引張変形によるものである。
　図-9.15に示すように，長さLの部材がΔLだけ収縮したとする。コンクリー

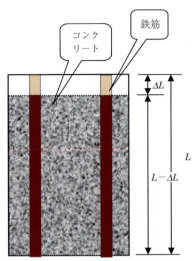

図-9.15 軸変形によるひび割れ

トは鉄筋の拘束がなければ，それ以上に収縮し，また鉄筋は本来収縮しないものが ΔL だけ縮んだことになる。したがって，コンクリートには ΔL の位置まで引き戻すような引張力が作用することになり，また，鉄筋には ΔL の位置まで圧縮する圧縮力が作用することになる。コンクリートに発生する引張応力度が，引張強度を超えたときにひび割れが発生する。

10　劣化とひび割れ

　劣化によるひび割れは，鉄筋コンクリートの構成材料の膨張変形によるものである。つまり，コンクリートの構成材料である，セメント硬化体，骨材，水（外部から供給された水を含む）およびエトリンガイト，さらにコンクリートの補強材である鋼材（鉄筋，PC 鋼材）の膨張により発生する現象である。

（1）鋼材の膨張
　鋼材の腐食による体積膨張は 2〜4 倍である。コンクリート中で鋼材が膨張変形を起こすと，図-10.2 に示すように，鋼材周囲のコンクリートを押し出す変形

10 劣化とひび割れ

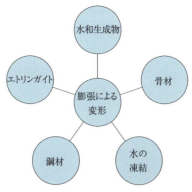

図-10.1　コンクリートの膨張要因

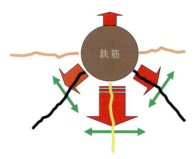

図-10.2　鋼材の膨張変形

を呈する。変形は周囲のコンクリートの拘束が小さい方向に大きくなることから，一般にかぶり部のコンクリートを引っ張る変形となる。つまり，かぶり部のコンクリートに引張応力が発生することになる。この引張応力度が引張強度を超えると，ひび割れが発生する。

（2）　骨材の膨張

　コンクリート中の骨材の膨張変形は，鋼材と異なり，骨材が構造物内部に一様に分布していることに特徴がみられる。そのため，骨材の膨張の拘束条件によりひび割れ発生のパターンが異なる。拘束条件としては，無筋コンクリート，鉄筋コンクリート，部材の種別（薄いスラブ，厚いスラブ，壁，柱など）などがある。

骨材の膨張による変形は，鋼材の腐食膨張と同様に拘束の小さい方向に大きな変形を呈することになる。したがって，膨張変形する方向と直交する方向にひび割れが発生する。一般に，面的な広がりを有する部材の場合には亀甲状のひび割れ，柱などの場合には軸方向のひび割れが卓越する傾向がある。

図-10.3は胸壁コンクリートの変状例である。骨材の膨張により胸壁コンク

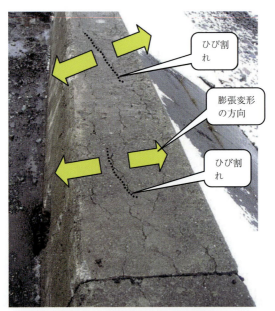

図-10.3　骨材の膨張による変形例1

図-10.4　骨材の膨張による変形例2

図−10.5 水の凍結膨張による変形

リートは自由辺の方向に押し出され，部材の幅方向に引張応力が発生し，ひび割れ発生にいたっている。図−10.4は，建物の柱と梁の変状例である。骨材の膨張により，部材軸と直交方向に引張応力が発生し，ひび割れが発生している。

(3) 水の凍結膨張

水は，凍結するときに自由に膨張できるとすると9％の体積膨張を生ずる。温度降下に伴い，まず大きい空隙中の水が凍結し，次いで小さい空隙中の水が凍結する。この凍結に伴う膨張が拘束されることにより生ずる静水圧が空隙の壁に作用し，空隙の周囲に引張応力度を発生させる。この引張応力度が引張強度を超えるとひび割れが発生する。

11 疲労とひび割れ

コンクリートや鉄筋の静的強度に比較して，一般に小さいレベルの荷重作用を繰り返し受けることにより破壊する現象が，疲労あるいは疲労破壊である。鉄筋コンクリートにおける疲労破壊現象は，繰り返し荷重により，その構成材料であるコンクリートや鉄筋にひび割れが発生し，それが進展することにより常時の作

用荷重下で部材が破壊する。

(1) 鉄筋の疲労
　異形鉄筋の疲労は，引張応力の繰り返し作用により，鉄筋ふし付根部の応力が局部的に高くなる（応力集中）箇所から疲労ひび割れが発生し，それが進展して鉄筋の破断にいたる。

(2) コンクリートの疲労
　コンクリートの疲労の微視的なメカニズムは，十分に明らかにされていないが，粗骨材とマトリックスとの間の付着力の低下や微細ひび割れの発生，伝播による有効断面積の減少に起因して生ずるとされている。
　一方，コンクリートの疲労をマクロ的にみると，図-11.1のように応力比（載荷荷重/静的破壊荷重）と繰り返し回数との関係は直線関係にある。この関係は，繰り返し回数の増加に伴い応力比が，直線的に減少し，一般に「S-N曲線」と呼ばれている。

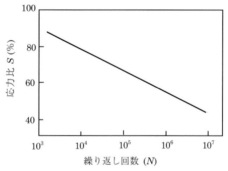

図-11.1　応力比と繰り返し回数との関係

(3) はり部材の疲労
　はり部材の疲労による劣化進行を予測する方法の一つに，線形累積損傷則を用いて，累積疲労損傷度を求める方法がある。累積疲労損傷度は次式により求める。

$$M = \sum_j \frac{n_j}{N_j}$$

ここに，M：累積疲労損傷度
　　　　n_j：作用応力振幅幅$\Delta\sigma$の繰返し回数
　　　　N_j：作用応力振幅幅$\Delta\sigma$による疲労寿命

　この累積疲労損傷度Mの値により，はりの疲労による劣化過程の進行が予測されている。例えば，潜伏期は$M \leq 0.8$，また進展期が$0.8 < M \leq 1.0$，さらに加速期・劣化期が$M > 1.0$と評価する。なお，潜伏期および進展期は，部材の性能に及ぼす影響はほとんどない段階である。また，加速期および劣化期は，安全性能，使用性能，第三者影響度に関する性能などに影響を及ぼす段階である。

(4) 床版の疲労

　道路橋の床版の疲労は，床版下面のひび割れの方向性や密度などにより評価されている。

a. 潜伏期

　図-11.2のように，温度や乾燥収縮，載荷により主鉄筋（橋梁の床版では，橋軸と直交する方向）に沿った一方向のひび割れが発生している状態。この状態では，安全性，使用性，第三者影響度に関する要求性能には影響を及ぼさない。

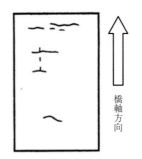

図-11.2　潜伏期（一方向ひび割れ）

b. 進展期

　図-11.3のように，主鉄筋と直交する曲げひび割れが発生するとともに，主鉄筋に沿う方向のひび割れも進展し始め，格子状のひび割れ網が形成され始める。

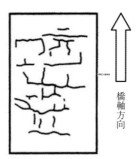

図-11.3　進展期ひび割れ（二方向ひび割れ）

この状態でも，安全性，使用性，第三者影響度に関する要求性能には影響を及ぼさない。

c. 加速期

図-11.4のように，ひび割れの網細化が進み，ひび割れ幅の開閉やひび割れ面のこすり合わせが始まる。ひび割れ面の抵抗が期待できなくなることから，床版の耐力は急激に低下する。この状態では，安全性に影響を及ぼす。

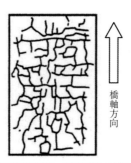

図-11.4　進展期ひび割れ（ひび割れの網細化と角落ち）

d. 劣化期

図-11.5のように，床版断面内にひび割れが貫通すると，床版の連続性は失われ，貫通ひび割れで区切られたはり部材として作用荷重に抵抗する段階となる。この状態では，安全性（耐荷力の低下など），使用性などに及ぼす影響が大きい。

11 疲労とひび割れ

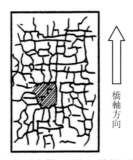

図-11.5 劣化期ひび割れ（床版の陥没）

索　引

■あ行

圧縮変形　131, 150
アノード反応　136
アミノ酸　130
アルカリシリカ反応　132, 133, 139
アルカリシリカゲル　139
アルカリ性　6, 135
アルカリ成分　130
アルカリ炭酸塩　130
アルカリ硫酸塩　130
アルミン酸三カルシウム　142
安全係数　30
安全性　29

イオウ酸化細菌　139
維持管理　iv, 34, 121

ウェブ圧縮破壊　109
ウェブコンクリートの斜め圧縮破壊　113
浮き　127
打重ね　125
打重ね時間間隔　126

鋭角フック　37
永久構造物　iii
S-N 曲線　174
エトリンガイト　142
エフロレッセンス　130
塩害　132, 133, 135, 138

応力集中　174
応力-ひずみ関係　12
帯鉄筋　37

■か行

帯鉄筋柱　75
折曲鉄筋　107
温度ひび割れ　157

外観　33
快適性　33
回転半径　72
化学的作用　139
化学的侵食　132, 133, 139
火災　132, 133
荷重係数　30
加速期　175
割線弾性係数　14
カソード反応　136
かび　130
換算断面　41
換算断面1次モーメント　45
換算断面2次モーメント　45
換算断面積　45
乾燥収縮　169
貫通ひび割れ　176

キャビテーション　131
吸水反応　139
胸壁　172
供用年数　121
曲率　8
曲率半径　153

空洞　125
クリープ　14

179

限界状態設計法　30
嫌気性細菌　139

好気性細菌　139
更新　121
剛性　132
構造解析係数　30
構造計画　34
構造物の補強　iv
構造物の補修　iv
骨材のかみ合い作用　105
固有振動数　132
コンクリート充填鋼管柱　72
コンクリートの有効断面積　47

■さ行
最大変位振幅　132
材料係数　30
材料分離　125
錆汁　128
酸化　139
酸化カルシウム　130
残留ひずみ　12

軸圧縮力　149
軸引張力　149
軸力　149
主圧縮応力線　10
主応力線図　10
主引張応力線　10
使用性　5, 29
床版　175
初期接線弾性係数　14
真菌類　131
診断　121, 122, 124
進展期　175
振動　33

水酸化カルシウム　130
水密性　33

水和生成物　130
スターラップ　37, 107
砂すじ　127
すりへり　131

脆弱化　142
静水圧　173
性能　121
性能照査　32
性能照査型　121
施工不良　124
石灰　130
設計限界値　31
設計作用　32
設計耐用期間　32
設計断面耐力　30
設計断面力　30
設計手順　34
接線弾性係数　14
線形累積損傷則　174
せん断圧縮破壊　109
せん断強度　4
せん断スパン比　105
せん断変形　131
せん断力　149
潜伏期　175

損傷　33, 124
損傷原因　125

■た行
耐久性　5, 29
体積ひずみ　13
体積膨張　130, 170
ダウエル作用　105
炭酸ガス　130
炭酸カルシウム　130
弾性係数　13
断面破壊　32

中性化　　132, 133, 135, 137
直角フック　　37
沈下ひび割れ　　168

釣合い断面　　57
釣合い鉄筋比　　57
釣合い破壊　　57
釣合い偏心量　　90

鉄筋コンクリート工学　　ⅲ
鉄筋のあき　　36
鉄筋腐食　　127
鉄骨鉄筋コンクリート（SRC）柱　　72

凍害　　132, 133, 139
凍結膨張　　133
トラス理論　　111

■な，は行
斜め引張破壊　　109
軟化　　142

二水セッコウ　　142

ねじり変形　　131
ねじりモーメント　　149
熱膨張係数　　6

剥離　　127, 128
半円形フック　　37

美観・景観　　5
比強度　　5
微細ひび割れ　　174
引張応力　　174
引張強度　　4
引張変形　　131, 150
ひび割れ　　4, 128, 146
ひび割れ原因　　125
標準フック　　37

表面気泡　　127
疲労　　132, 133, 173
疲労破壊　　32, 173
疲労ひび割れ　　174

風化・老化　　132, 133
部材係数　　30
腐食生成物　　128
腐食膨張　　133
付着　　6
付着破壊　　110
不動態化　　135
不動態皮膜　　6, 135

平面保持の仮定　　43, 54, 153
変位・変形　　131
変形　　149, 156
変状原因　　125
変色　　130

ポアソン数　　151
ポアソン比　　13, 151
膨張・収縮　　166
細長比　　72
ポップアウト　　127

■ま，や行
マクロセル腐食　　137
曲げ変形　　131
曲げモーメント　　149
マスコンクリート　　157
豆板　　125

ミクロセル腐食　　136

網細化　　176
モーメントシフト　　114

有効高さ　　44
有効長さ　　72

有効断面　78
遊離石灰　130

要求性能　34, 122
溶融　131
汚れ　130

■ら行
らせん鉄筋柱　76

力学基礎　iv
硫化水素　139

硫酸　139
硫酸塩　142
硫酸塩還元細菌　139
リラクセーション　160

累積疲労損傷度　174

劣化　121, 124
劣化期　175
劣化機構　123
劣化原因　125

著者紹介

川上　洵（かわかみ　まこと）
秋田大学名誉教授 工学博士
1974 年　北海道大学大学院工学研究科博士課程修了

小野　定（おの　さだむ）
Ｃ＆Ｒコンサルタント 代表取締役社長 工学博士
1974 年　北海道大学大学院工学研究科修士課程修了
技術士(建設部門，総合技術監理部門)，コンクリート診断士

岩城　一郎（いわき　いちろう）
日本大学工学部 教授 博士（工学）
1988 年　東北大学大学院工学研究科修士課程修了

尾上　幸造（おのうえ　こうぞう）
熊本大学大学院先端科学研究部(工学系) 准教授 博士（工学）
2006 年　九州大学大学院工学府博士後期課程修了

［第 2 版］
コンクリート構造物の力学
—解析から維持管理まで—

定価はカバーに表示してあります。

2008 年 4 月 20 日　1 版 1 刷発行
2018 年 10 月 25 日　2 版 1 刷発行

ISBN 978-4-7655-1857-4 C3051

著　者	川　　上　　　　　洵
	小　　野　　　　　定
	岩　　城　　一　　郎
	尾　　上　　幸　　造

発 行 者　長　　　　滋　　彦

発 行 所　技 報 堂 出 版 株 式 会 社

日本書籍出版協会会員
自然科学書協会会員
土木・建築書協会会員

Printed in Japan

〒101-0051　東京都千代田区神田神保町 1 - 2 - 5
電　話　営　業　(03)(5217) 0 8 8 5
　　　　編　集　(03)(5217) 0 8 8 1
　　　　Ｆ Ａ Ｘ　(03)(5217) 0 8 8 6
振替口座　00140 - 4 - 10
http://gihodobooks.jp/

©Makoto Kawakami *et al*, 2018

装幀 ジンキッズ　印刷・製本 三美印刷

落丁・乱丁はお取り替えいたします。
本書の無断複写は，著作権法上での例外を除き，禁じられています。

●小社刊行図書のご案内●

コンクリート構造物の応力と変形 —クリープ・乾燥収縮・ひび割れ—

A.Ghali, R.Favre 著/川上洵・樫福浄ほか訳　　　　　　　　　　　　A5・454頁

原書第 2 版と同時刊行された翻訳書。【主要目次】コンクリートのクリープ，乾燥収縮および PC 鋼材のリラクセーション/ひび割れのない断面の応力とひずみ/ひび割れのない断面の特殊例と変位の計算/ひび割れのない構造物に生じる断面力の経時変化:応力法による解析/同:変位法による解析/ひび割れが発生した断面の応力とひずみ/ひび割れが発生した部材の変位/たわみの簡易予測/温度の影響/ひび割れの制御

構造解析の基礎と応用 —線形・非線形解析および有限要素法—

A.Ghali, A.M.Neville, 川上洵著/川上洵・樫福浄・山根隆志監訳　　　A5・532頁

さまざまな構造問題に対して最適な解析法を見出す力を養うテキスト。基礎的な方程式の誘導は，極力省略を避けて記述し，各種解析法をていねいに解説。応用については，実務をふまえて，具体的に解説。習熟度を深めるよう，例題，演習問題も充実。日本版のみ，コンクリート構造物の時間依存性応力解析と非線形解析に，とくに一章ずつを充てている。

基礎から学ぶ鉄筋コンクリート工学

藤原忠司・張英華著　　　　　　　　　　　　　　　　　　　　　　A5・216頁

鉄筋コンクリート工学の独習向き入門書。応用力を身につけるには，まず基本をしっかりと理解することが必要である。本書は，鉄筋コンクリート工学における基本，基礎的な事項について，独習でも理解できるよう，くどいぐらいに文章を連ねて，ていねいに解説する書である。もちろん，数式の展開についても，極力省略を避けている。

新土木実験指導書—コンクリート編(第四版)

村田二郎・岩崎訓明編　　　　　　　　　　　　　　　　　　　　　A5・268頁

近年，コンクリートの挙動を予測する技術は急速に発展しているが，実験による解析的手法の正統性の確認は必須とされており，実験の重要性は一段と高まっている。高専・大学の学生に長年使われてきた定評ある教科書の改訂 4 版である。

ネビルのコンクリートバイブル

A.M.Neville 著/三浦尚訳　　　　　　　　　　　　　　　　　　　A5・990頁

世界的なコンクリートの教科書「Properties of Concrete Fourth Edition」の訳本。コンクリート工学全般を網羅し，本書独自の最新の知見までも含んだ最新版。著者の長年の現場調査や実務に関連させた研究の経験に基づいて，建設材料としてのコンクリートの広くそして詳細な見解を示す。コンクリートの特性の統合した見方と，基礎を成している科学的な根拠を重要視し，実務への適用性を考慮して解説している。

—例題で学ぶ— 構造工学の基礎と応用(第 4 版)

宮本裕ほか著　　　　　　　　　　　　　　　　　　　　　　　　　A5・208頁

実際に問題を解くことによって学習する入門テキストの第 4 版。章の最初に示される公式を頭に入れ，基本問題と解答で具体的に解き方を学んだ後，応用問題で理解度を確かめる。今改訂では，旧版での講義経験を踏まえ，さらなる理解しやすさを追求，問題と解答の差替え・追加なども行った。SI 単位表記。

●書籍の価格は小社ホームページ〈http://gihodobooks.jp/〉を御覧下さい

技報堂出版　TEL 営業 03(5217)0885 編集 03(5217)0881
FAX 03(5217)0886